今すぐできる
建設業の
原価低減

降籏 達生 著
日経コンストラクション 編

日経BP社

はじめに

　私は，建設会社の経営者が集うNPO法人建設経営者倶楽部を運営している。当会で多くの経営者と接していて感じることは，「業績の良い会社の社員はみな勉強好きである」ということだ。業績の良い会社は社員が学ぶためにますます業績が良くなり，業績の悪い会社は社員が学ばないためにますます業績が悪くなっている。建設業界を取り巻く外部環境は厳しいが，学び続けることでピンチをチャンスに変えている建設会社の社員の表情は生き生きとしている。

　本書は，建設専門誌「日経コンストラクション」に連載した「今すぐできる原価低減」に加筆し，建設会社の経営者，経営幹部，そして現場代理人が，企業の利益管理，現場の原価管理を推進するうえでの一助となることを目的として執筆した。

　建設会社の現場代理人から「会社にはどうして利益が必要なのですか」とよく聞かれる。この根源的な問いに対する答えを理解しない限りやる気につながらず，原価低減は不可能だ。第1章ではそれをわかりやすく解き明かした。

　そして，企業経営の要諦である経営計画と利益計画について第2章で解説したうえで，現場代理人が行う原価管理の詳細を第3章で，さらに設計における原価管理を第4章でそれぞれ解説した。ここまでの内容を自社に落とし込むことで，原価管理の仕組みを構築することができる。

　仕組みが完成すると，次は現場における実践だ。すべての活動の基本である報連相（報告，連絡，相談）と5S（整理，整頓，清掃，清潔，しつけ）を行うことで原価を低減させるコツを，第5章と第6章にそれぞれ記載した。そして第7章には，先に述べたNPO法人建設経営者倶楽部の会員企業の皆さんなどに，実際に職場で活用している書式の見本を提供していただいた。これはそのまま会社で活用することができる。

　風が吹いている時には立ち止まっていても凧（たこ）は上がるが，風が吹かなくなると糸を持って走らないと凧は上がらない。本書を活用して社長を中心に社員全員が力を合わせて走ることで，企業業績の向上を果たし，建設技術者がさらに誇りを持って働くことのできるようになれば幸いである。

2008年5月

　　　　　　　　　　　　　　　　　　　　ハタ コンサルタント株式会社
　　　　　　　　　　　　　　　　　　　　代表取締役　**降籏 達生**

目次

はじめに ……………………………………………………………………… 3

第1章　なぜ会社には利益が必要なのか ……… 7
1　収益構造の基本 ……………………………………………… 8
2　業績アップの3原則 ………………………………………… 17
3　1人当たりの利益を考える ………………………………… 26
4　利益を生むコストと生まないコスト ……………………… 40

第2章　全社活動としての原価管理 ……………… 47
1　マネジメントサイクルを回せ ……………………………… 48
2　経営計画の作り方 …………………………………………… 55
3　利益計画の作り方 …………………………………………… 71

第3章　現場で行う原価管理 ………………………… 81
1　現場のマネジメントサイクルとは ………………………… 82
2　効果的な実行予算書の作成手法 …………………………… 91
3　実行予算通りに施工するために …………………………… 100
4　月次決算の手法と実際 ……………………………………… 107
5　工事の精算結果から何を学ぶか …………………………… 118
6　工事終了後も原価をチェック ……………………………… 129

第4章 設計部門にも不可欠な原価管理 …… 139
　1　「業務」を「工種」に細分化する …… 140
　2　業務管理台帳で粗利益を改善 …… 148

第5章 「報連相」が原価に与える影響 …… 157
　1　報連相の定義と基本を押さえよう …… 158
　2　報連相で業績アップ …… 173

第6章 「5S」の実践で原価低減 …… 185
　1　5Sの定義を確認する …… 186
　2　整理や整頓，清掃で原価を下げる …… 195
　3　清潔としつけで良い習慣をつくる …… 206

第7章 実データに学ぶ原価管理 …… 215
　1　実行予算書 …… 216
　2　収支予定調書 …… 228
　3　工事管理台帳 …… 230
　4　原価管理マニュアル …… 232
　5　原価管理マニュアルの添付書式 …… 256

第1章

なぜ会社には利益が必要なのか

1. 収益構造の基本
2. 業績アップの3原則
3. 1人当たりの利益を考える
4. 利益を生むコストと生まないコスト

1 収益構造の基本

　建設業では，顧客のコスト低減要求の高まりとともに，ますます価格競争が厳しくなってきている。原価低減に対する意欲が低く，原価の知識が不足している会社や技術者は厳しい時代を勝ち残っていけない。

原価知識と原価低減意欲
　「見積書と実行予算書は，部長と課長が作っている。現場代理人や担当者は，品質や工程，安全管理に専念させている」という建設会社がいまだに存在する。

　比較的利益が出やすかった時代は，原価管理と現場の管理を分業していても問題がなかった。しかし，いまや現場での少しのミスが大幅な原価増の原因となっている。したがって，現場技術者が原価の知識を正しく理解したうえで，原価管理を実施する必要性が，これまで以上に高まっている。

原価管理能力＝原価低減意欲×原価知識
　原価管理能力は，原価低減に対する意欲と原価の知識との積である。あなたやあなたの会社は，どちらに課題があるだろうか。まずは自らの課題を知ることが必要だ。

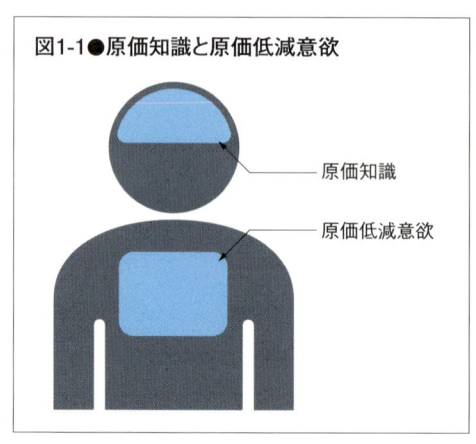

図1-1●原価知識と原価低減意欲

| 演習 | 原価管理の能力を診断 |

あなたの原価管理能力はどの程度か。以下の質問に対して次のいずれかで答えよ。

全くその通りだ……3点　　時々その通りだ……1点
その通りだ……2点　　そうではない……0点

表1-1●あなたのレベルをチェックする一覧表

	原価低減に対する意欲	点数	原価の知識	点数
1	私は何がなんでも原価を下げようとする気持ちが強い		工事や業務の歩掛かりはすべて頭に入っている	
2	工事や業務の途中であといくらかかるかを,いつも意識している		工事や業務における原価管理上の問題点を,いつも理解している	
3	協力会社や外注先との交渉が好きで,粘り強く交渉することができる		工事や業務の途中で,原価上の問題点の解決手法を具体的に提案できる	
4	顧客満足を意識しながら,顧客と原価についてきちんと話をすることができる		顧客や協力会社に原価上の要求を論理的に説明し,説得することができる	
5	目標利益率を達成したときは,表現できない深い喜びがある		工事や業務の終了後,次の案件に原価実績データを生かしている	
	合計		合計	

判定

原価低減に対する意欲
　1〜5点…意欲が全く欠けている
　6〜10点…意欲は普通である
　10〜15点…意欲は旺盛である

原価の知識
　1〜5点…知識が全く欠けている
　6〜10点…知識は普通にある
　10〜15点…知識は豊富である

「原価」や「粗利益」とは何だろうか

多くの建設会社は「どんぶり勘定」で商売をしてきたので,粗利益を意識せずに経営してきた。現場の技術者が「原価」を知らないことから,現場作業は忙しいけれど,もうかっていない。

ここで粗利益とは,厳密には以下のようになる。

粗利益＝売り上げ−｛外注費＋材料費＋労務費(作業員に支払う賃金)＋現場経費(現場における水道光熱費や通信費,事務用品の費用など)＋現場人件費(現場に従事する社員に支払う給与)｝

外注費や材料費，労務費，現場経費は変動費（売り上げに応じて変動する費用），現場人件費は固定費（売り上げによって変動せず固定的な費用）というように分かれるので，
　限界利益＝売り上げ－変動費（外注費＋材料費＋労務費＋現場経費）
として，「粗利益」と区分して管理することがある。

　「原価」とは以下の特徴を持っている。
　①原価は，変動費と固定費とに分かれる。
　②原価は，一定ではない（だから低減することができる）。
　③現場技術者の任務は粗利益（限界利益）を稼ぎ出すことである。

　建設会社では，現場が稼ぎ出す限界利益こそが会社運営の原資である。そこから社員の給料や水道光熱費などの経費を支払い，最終利益を残し，それを蓄えて今後の運営経費とすることで経営が成り立っている。

　建設業では，まずは「原価」の意欲と知識を有することが大切だ。それによって，「原価低減」の第一歩を踏み出すことができるのである。

なぜ，会社に利益が必要か

　社長「今期は業績が悪く，予定通りの利益が出なかったので，皆さんには申し訳ないが，賞与は例年の50％しか支給できません」。
　社員「会社は赤字なのですか」。
　社長「いいえ，利益は出ているのですが，目標利益の半分しか出ていないのです」。

　このとき，多くの社員は次のように感じているようだ。
　「業績が悪いと社長は言うけれど，会社に利益が出ているのであれば，それを社員に分配してくれればいいのになあ。赤字であれば仕方がないけれど，利益が出ているのなら元手があるのだし…」。

　さて，会社にとって利益はなぜ必要なのか。そして，そもそも利益とは何な

のかについて，考えてみよう。

> **演習** 期待が持てるのはどちらの将来？
>
> 　過去の借金が残っているがいまは稼いでおり，毎月返済しているEさんと，貯金はあるがいまは稼いでいないFさんとがいる。どちらの方がよいだろうか。

　貯金があり，いまもしっかり稼いでいる人がもちろんよいに決まっているが，EさんやFさんのように，そうではない人も多い。

　会社でも同様のことが言える。いま利益を出しているかどうか，これまでに出した利益の蓄積があるかどうかの2点が会社にとって重要である。

　会社が稼いでいる程度を知るために，**図1-2**の数式で1年間の「経常利益」を算出する。

```
図1-2●企業収益の構造
       売上高（完成工事高）
   －）工事原価
       売上総利益（粗利益）
   －）販売費，一般管理費
       営業利益
   ±）営業外損益
       経常利益
```

　ここで，それぞれの意味は以下の通り。
- 売上高（完成工事高）＝工事や業務を実施して顧客からいただいたお金の合計
- 工事原価＝工事や業務を行うために直接必要なお金。例えば外注費や資材費，工事や業務に直接かかわる従業員の給与など
- 販売費，一般管理費＝工事や業務を行うために間接的に必要なお金。例えば役員や営業，総務の人たちの給与，販売促進のための費用，研修費用など

第1章 なぜ会社には利益が必要なのか

図1-3●どちらの将来に期待が持てるか

借金はあるが,毎日元気に働くEさん
(いまは安全性が低いが,将来性が高いので期待が持てる)

貯金はあるけれど元気のないFさん
(いまは安全性が高いが,将来性が低いので心配)

・営業外損益＝借入金や貯金の金利など

　売り上げに対して,経常利益がどの程度の割合であるかを会社の「収益性」という。いわば,現在の会社の「元気度」を測る尺度である。

　経常利益から毎年支払う税金を引いた残りの金額が,会社の貯金の原資だ。会社の事業規模に対して,これまでに自分自身で積み立てた貯金がどの程度あるかを,会社の「安全性」という。いわば,会社の「基礎体力」を測る尺度だ。

　前述の質問のEさんは,**図1-3**のように「基礎体力」はないが現在は「元気」なので,いずれ健康体となるだろう。これに対してFさんは「基礎体力」はあるが,収入がないのでいずれ破たんするだろう。長い目で見ると**Eさん**の方に期待が持てる。

　まずは日々稼ぎ,「元気」になることを考えよう。会社にとって「収益性」の改善こそが,生き残りの最大の秘訣である。

演習　利益や貯金はなぜ,必要か

なぜ,利益を出さないといけないのだろうか。なぜ,会社には貯金が必要なのだろうか。

　利益を出している会社は「元気」で,これまでの利益を積み立ててきた会社は「基礎体力」があると述べた。しかし,ここで再び疑問が生じる。利益を原

資として会社に積み立てられた貯金は,いったい何に使われているのだろうか。

　人は長い人生のなか,体が大きくなり能力も向上する成長期を経て,体の成長が止まる停滞期,そして徐々に体力や知力が落ちてくる低迷期を迎える。会社も同じで,成長発展期,停滞期,低迷期があるのだ。
　ただし,会社は人と違って,ある年数が経過して自然に衰えてしまうことはなく,何百年と継続する可能性を秘めている。逆に,数年で"死んで"しまうことも数え切れないほどある。
　利益を出して,これを蓄える必要性は,会社の成長過程によって異なる。

・成長発展期のコスト
　車や重機,機械の購入資金のほか,事務所のリフォーム費用,営業所の新設費用,新規事業への投資など。
・停滞期や低迷期のコスト
　業績が悪いときの社員給与,事務所維持費など。

　これらはすべて,将来のコストである。成長発展期であっても,停滞期や低迷期であっても会社を存続させるためには,コストが必要なのである。年度ごとの利益だけに頼ることなく成長し,発展するために,さらに停滞期や低迷期を脱するためにも,貯金が欠かせない。
　利益は会社の将来のコストである。利益が多く,蓄えをしている会社ほど,発展の期待度や継続の可能性が高いことがわかる。
　繰り返し言う。「**利益とは,将来のコストである**」。

> **演習** **会社や社員に必要な貯金はいくら？**
> 　いくらの貯金があれば会社は安全で,社員は安心して働けるのか。

　会社の蓄えはもちろん多いほどよいのだが,一つの目安がある。
自己資本÷総資産＝30〜40％

　総資産とは,会社が保有している現金や預金,土地,建物などを合計したも

ので会社の規模を表す。自己資本とは，資本金と利益の蓄積である貯金の合計だ。つまり，会社の総資産の30〜40％は借り入れで賄うのでなく，自分のお金で賄う必要がある。この程度の利益を蓄えていてこそ，少々の荒波があっても耐えきれ，さらなる発展が期待できる会社だと言える。

まとめ

原価管理能力を上げよ
・「原価低減意欲」と「原価知識」を，ともに向上させなければ原価は下がらない
・原価管理能力＝原価低減意欲×原価知識

原価と粗利益を正しく理解する
・売り上げを増やすのではなく，粗利益を増やせ
・原価は一定でなく常に変化する。だから下げられる。利益の意味を知ろう
・会社は，現在の「元気度」を示す「収益性」と「基礎体力」を示す「安全性」とによって，その健康度を知ることができる。まずは「収益性」を改善し，「元気」になることが必要だ
・利益とは会社が将来にわたって発展し，停滞期や低迷期を乗り越えるためのコストである
・会社には，総資産の30〜40％に当たる利益の蓄積が必要だ

コラム　すし屋さんも原価管理を実践している

「へい, らっしゃい」

威勢のよい掛け声が, 心地よい。日本人はすし屋さんが好きである。しかし, どのすし屋さんももうかっているかというと, そうではない。

「今日は何がお薦めですか」と板前さんに聞くと,「今日はサンマがおいしいですよ」と返事がある。

表1-2●優秀なすし屋が作成している粗利益一覧表の一例
○月○日
粗利益一覧表(ベスト10)

順位	ネタ	売り値	本日の原価	本日の粗利益
1	サンマ	150円	30円	120円
2	マグロ	200円	90円	110円
3	イカ	230円	130円	100円
⋮	⋮	⋮	⋮	⋮
10	トロ	800円	750円	50円

もうかっているすし屋さんでは, 板前さんの目前に, 上の**表1-2**のような「粗利益一覧表」が張り出してあり, 板前さんは常に原価と粗利益を意識して商売をしている。つまりこの場面では,「サンマ」の粗利益が高いのだ。

ここでの「原価」や「粗利益」とは, 次のように求めることができる。

原価＝材料費(ネタ, ご飯, わさび)

粗利益＝売り値－原価

図1-4●すし屋さんの原価管理

コラム

　板前さんはこの一覧表を基に粗利益が高い順にお客に薦め,店の粗利益を確保するわけだ。原価知識が欠けているすし屋さんでは,こうはいかない。

「今日はトロがおいしいよ。市場で苦労して仕入れてきたので食べてみて」。
「トロ」は売り値が高いので,売り上げは伸びる。売り上げが伸びると店の金庫には現金がたまるので,もうかった気がする。

　しかし,粗利益が少ないために,結果として店の利益は上がらない。「どんぶり勘定」で商売しているので,粗利益を意識せずに客に薦めている。

　もうかっているすし屋さんでは,板前さんに教育することで「原価知識」を高め,「粗利益一覧表」を張り出すことで「原価低減意欲」をかき立てている。

　その結果として粗利益の額が増え,長く商売できる。原価の知識と原価低減に対する意欲が低い店は,電話帳から名前が消えてしまう。

2 業績アップの3原則

A君「社長は，二言目には『利益を上げるために，工事原価を下げろ！』と言う。それよりも，営業がもっとがんばって仕事を取ってきたり，本社の経費を下げたりした方が，効果的だと思うけれど，B君どう思う」。
B君「工事原価を下げることも受注を増やすことも，会社の経費を下げることも重要だね。いったい優先順位をどのように考えればいいのだろう」。

　A君とB君はC建設株式会社に勤務している技術者だ。A君は入社10年目の主任，B君は入社2年目である。

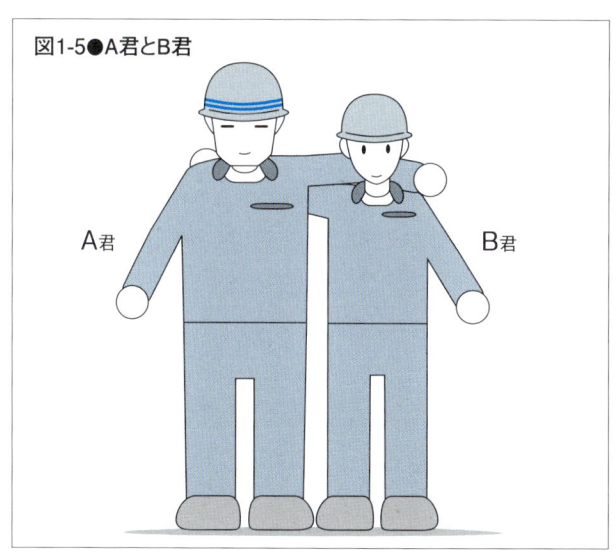

図1-5●A君とB君

　A君とB君の言っていることはもっともなことだ。先の第1章の1では，会社に利益が必要な理由を企業の収益構造などから考えた。第1章の2では，具体的にどのようにすれば会社の利益が増えるのかを考えてみよう。

原価低減は効果があるのか
　まずは，以下の三つの質問に答えてほしい。

第1章 なぜ会社には利益が必要なのか

演習	営業利益を増やす最も有効な手段は
質問1	材料費や外注費を減らすことで,工事原価を6000円減らすことができた。会社全体の営業利益は,いくら増えるか。
質問2	販売費と一般管理費を,電気代の節約やコピー裏紙の使用で4000円減らすことができた。会社全体の営業利益は,いくら増えるか。
質問3	10万円の工事を受注した。会社全体の営業利益はいくら増えるか。

　会社の収益構造は**図1-6**のように表すことができる。

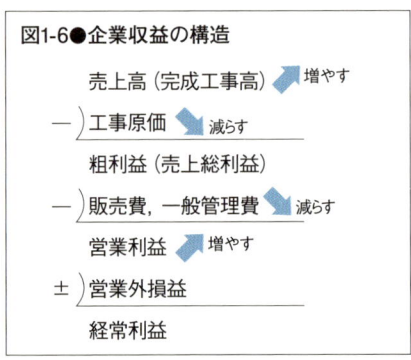

　会社全体の営業利益や経常利益を増やすためには,①売上高(完成工事高)を増やす,②工事原価を減らす,③販売費や一般管理費を減らす——といった三つの方法がある。

　では,収益構造の式を見ながら,先の三つの質問の解答を考えてみよう。

質問1の解答
　工事原価を6000円下げると,粗利益が6000円増える。「販売費,一般管理費」は変わらないので,営業利益は**6000円**増える。

質問2の解答
　販売費や一般管理費を4000円下げると,営業利益は**4000円**増える。

質問3の解答

10万円の受注に対して、粗利益率（売上高と粗利益の比率）を10％とすると、粗利益は10万円×10％で1万円増える。つまり、販売費、一般管理費が変わらないとすると、営業利益は1万円増えることになる。

ところが、売り上げが増えると販売費、一般管理費も増える可能性がある。営業経費や事務経費が増えるからだ。そこで、現在の営業利益率（売上高と営業利益との比率）を3％とすると、営業利益は10万円×3％で3000円増えることになる。

これらのことから、10万円の受注に対して営業利益は**3000円から1万円**までの範囲で増えることになる。

つまり、これら三つの行動は、ほぼ同額の営業利益を増やす効果があることがわかる。

あなたは、これら三つの行動のうち、営業利益を増やすことに対して最も有効な手段はどれだと感じるだろうか。感覚的に、工事原価を下げることが営業利益を上げるために最も効果的であると感じたことだろう。

粗利益や限界利益とは

先の**図1-6**で、売上高から工事原価を差し引いたものを粗利益（売上総利益）と説明したが、本書で用いる定義を改めて以下に示す。

粗利益とは

売上高（完成工事高）から工事原価を差し引いたもの（**図1-7**）。

工事原価には外注費、材料費、労務費（作業員に支払う賃金）、現場経費（現場における水道光熱費や通信費、事務用品の費用など）、現場人件費（現場に従事する社員に支払う給与）が含まれる。

```
図1-7●粗利益と営業利益
  売上高（完成工事高）
－）工事原価
  粗利益（売上総利益）
－）販売費，一般管理費
  営業利益
```

限界利益とは

売上高（完成工事高）から変動費を差し引いたものである（**図1-8**）。

変動費とは売り上げに比例して増減する金額であり，外注費，材料費，労務費（作業員に支払う賃金），現場経費が含まれる。

限界利益は社員が会社にもたらした価値ともいえるので，「付加価値」と呼ぶ場合もある。

```
図1-8●限界利益と経常利益
  売上高（完成工事高）
－）変動費
  限界利益
－）固定費
  経常利益
```

つまり，「限界利益」とは，売上高から変動費を差し引いたものであり，そこからさらに現場人件費を除いたものが「粗利益」となる。限界利益のことを慣用的に「粗々利益」と呼ぶ会社もある。本書では注釈がない場合，上記の意味で「粗利益」，「限界利益」という用語を用いる。

さらに，限界利益から固定費を差し引くと「経常利益」になる。

来期の利益目標を設定する

では，以下のC建設株式会社の事例を基に，三つの演習を通して業績アップのポイントを考えてみよう。同社は決算時期を迎え，来期の経営計画を立てようとしているところだ。

C建設株式会社の概要
・社員数は26人（工事部員20人，その他6人）
・今年度決算の見込み
　売上高＝18億円
　変動費＝15億7000万円
　限界利益＝2億3000万円，工事の限界利益率の平均＝12.8％
　固定費＝2億円
　経常利益＝3000万円，経常利益率＝1.7％

図1-9●C建設会社とD社長

演習　経常利益率を達成するための限界利益率は

　C建設会社のD社長は，なんとか5％の経常利益率を確保したいと考えている。来期の年間売上高の目標を20億円とすると，工事の平均限界利益率を何％にすれば，5％の経常利益率を達成することができるか。

図1-10の経常利益の算出式を見ながら，C建設会社の利益計画を立ててみよう。

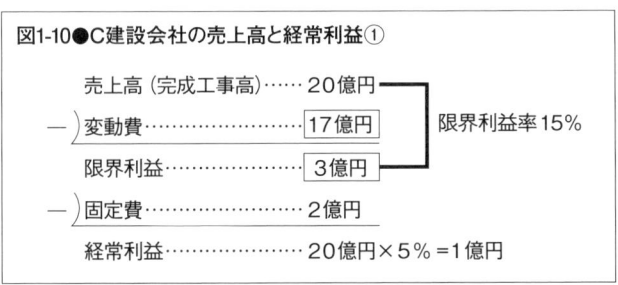

目標とする経常利益は20億円×5％＝1億円なので，目標限界利益は2億円＋1億円＝3億円になる。売上高として20億円を見込んでいることから，限界利益を達成するための平均限界利益率は，3億円÷20億円×100＝**15％**。

今期の限界利益率は12.8％なので，来期は2.2％の原価を低減する必要がある。

> **演習** 経常利益率を達成するために固定費をいくら削減
>
> C建設会社の今期の限界利益率は平均で12.8％だった。市場環境を考えるとこれを15％にすることは困難であるとD社長は判断し，目標限界利益率を14％に変更した。このとき，固定費をいくら削減すれば，5％の経常利益率を達成することができるか。

この解答は図1-11のように求めることができる。

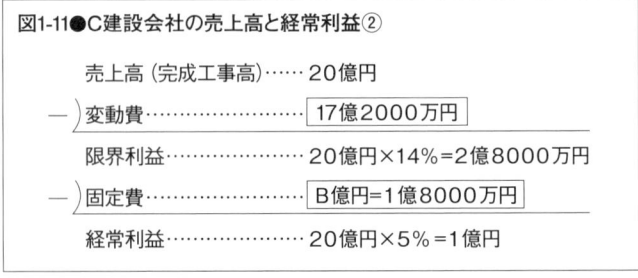

固定費をB億円とする。経常利益は20億円×5％＝1億円。限界利益は20億円×14％＝2億8000万円なので，固定費（B）は2億8000万円－1億円＝1億8000万円になる。先述のC建設会社の概要を見ると，固定費は2億円となっており，**2000万円**の固定費を削減する必要がある。

> **演習　経常利益を達成するための売上高は**
>
> 　D社長は，2000万円の固定費を削減することで社員のモチベーションが下がり，かえって悪影響を及ぼすと判断した。そこで削減する固定費を1000万円と少なくし，固定費を1億9000万円にした。5％の経常利益率を達成するためには，目標売上高をいくらにすればよいか。

図1-12のように目標とする売上高をA億円とし，経常利益や限界利益から逆算してみよう。

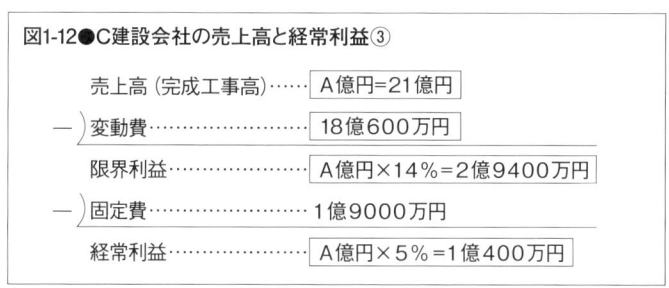

経常利益はA億円×5％，限界利益はA億円×14％なので，A億円×14％－1億9000万円＝A億円×5％となり，目標売上高（A）は約**21億円**となる。

これら三つの検討の結果，D社長はC建設会社の来期の概算利益目標を次のように定めた。

売上高＝21億円

変動費＝18億600万円

限界利益＝2億9400万，工事の限界利益率の平均＝14.0％

固定費＝1億9000万円

経常利益＝1億400万円，経常利益率＝5.0％

このように変動費，固定費，売上高の三つが業績を上げるためには欠かせない要素であり，①変動費の削減，②固定費の削減，③売上高の増加——が業績アップの3原則となる。これらの3原則を組み合わせて計画，実施することで，利益計画の概算を算出することができる。

　経営者があるべき姿，なりたい状態を明確にしたうえで，業績アップの三つの要素をどのようにコントロールするかを戦略的に考えることこそが，経営である。

まとめ

業績アップのポイントを知る
・業績を上げる要素には変動費，固定費，売上高の三つがある
・①変動費の削減，②固定費の削減，③売上高の増加——の三つが業績アップの3原則である
・三つの要素をどのように組み合わせると経常利益を確保できるのかを計画することが，経営である

コラム　日産自動車の業績が回復した理由

「日産自動車, 5期連続最高利益」。
これは, 2005年4月25日に発表された日産自動車の決算内容だ。
経営状況が最悪だった時期に日産自動車の最高経営責任者（CEO）に就任したカルロス・ゴーン氏は,「日産リバイバルプラン」を発表した。

カルロス・ゴーン氏は次の三つの手法を用いて「最高利益」を出し続ける会社をつくった。

【一番目の対策】
1145社の部品および資材メーカーを600社以下に減らし, 購買コストを20％削減することで製造原価を低減した。

【二番目の対策】
工場閉鎖や人員削減などによって,「固定費」である販売費と一般管理費を20％削減した。

【三番目の対策】
一番目と二番目の対策によって捻出した資金を,「研究開発費」に充てて, 新車を市場に次々と投入することで,「売り上げの増加」を図った。

カルロス・ゴーン氏は, 第一に原価低減対策, 第二に販売費と一般管理費の削減対策, 第三に売り上げ増加対策を実施したのだ。その結果, 経営危機を脱し, 過去最高益を計上するまでの企業への改革を成し遂げたのである。

このように, 経営改革や収益構造の改善に際しては, 最初に原価低減の対策を講ずるべきであり, これが最も効果的であることは歴史が実証している。

図1-13●原価低減に向けて

（イラスト：宮沢 洋）

3 1人当たりの利益を考える

A君「会社の経営計画が発表されたね。がんばって達成しよう」。
B君「そうだね。でも僕は，売上高21億円，経常利益1億400万円と言われてもぴんとこないんだ。1000万円だって見たことがないのに，『億』と言われても想像もつかないよ」。
A君「そうだね。身近な数字で話すと理解しやすいね」。
B君「せめて100万円以下の身近な数字で目標を設定されると，わかりやすいし，なにより達成意欲がわくように思うんだ」。

図1-14●ぴんとくる金額

小さく考えよう

　目標とする売上高が21億円、経常利益が1億400万円と言われても、一般の社員にとっては、ぴんとこないものだ。目標は、社員が自分のものとして考え、意欲がわいてこそ、達成することができる。

> **演習** 1兆円を使い切るには
>
> 　1兆円のお金がある。毎日100万円ずつ使ったとすると、何年で使い切るだろうか。

　答えは、1兆円÷100万円÷365日＝**2740年**。
　1兆円と言われてもぴんとこないが、100万円を毎日2740年使い続ける金額と言われるとイメージがわくものだ。

　人はぴんとくる数字でないと、やる気につながらない。ぴんとくる数字とは、日常使っている数字であり、私たちの財布に入っている金額であり、私たちが使ったことのある金額だ。財布に入っている金額とは、せいぜい10万円だろうし、使ったことのある金額とは、住宅を購入する際の3000万円程度だろう。

　ここでは、わかりやすい小さな単位で、経営に用いる数字を考えてみることにしよう。

1人当たりの限界利益額を設定する

　第1章の2で取り上げたC建設会社の事例を用いて、ぴんとくる目標設定の方法を考えてみよう。

第1章 なぜ会社には利益が必要なのか

> **演習　社員がぴんとくる利益計画とは**
>
> 　C建設株式会社のD社長は，来期の利益計画を設定しようとしている。同社の社員数は26人（工事部員20人，その他6人）で，今期の実績は以下の通りだ。
> - 売上高＝18億円
> - 変動費＝15億7000万円
> - 限界利益＝2億3000万円，工事の限界利益率の平均＝12.8％
> - 固定費＝2億円
> - 経常利益＝3000万円，経常利益率＝1.7％
>
> 　これに対して，来期の概算利益計画は以下の通りである。
> - 売上高＝21億円
> - 変動費＝18億600万円
> - 限界利益＝2億9400万，工事の限界利益率の平均＝14.0％
> - 固定費＝1億9000万円
> - 経常利益＝1億400万円，経常利益率＝5.0％
>
> 　D社長は，これらの数字では社員がぴんとこず，実感がわかないのでモチベーションが上がらないと判断した。どのような目標を設定すべきだろうか。

　D社長は限界利益を直接上げる工事部員20人の目標値として，1人につき1カ月当たりの限界利益を次のように設定することにした。

　工事部員1人の1カ月当たりの限界利益は，
　今期の実績＝2億3000万円÷20人÷12月＝**95万8000円/人・月**
　来期の計画＝2億9400万円÷20人÷12月＝**122万5000円/人・月**

　一方，多くの建設会社では，工事案件に対しておおむね10～25％程度の「目標粗利益率」を定めて管理している。この管理手法は，右肩上がりで受注が増えているときには機能した。
　しかし，売り上げも利益率も減少という状況になると，目標粗利益率の管理では，目標とする粗利益額を達成することができない。

　例えば，1カ月当たり800万円の工事出来高を上げている現場担当者が，15％の粗利益率を計上すると，月間の粗利益額は800万円×15％＝120万円となる。ところが，受注量が減って1カ月当たり400万円の工事しか行ってい

ないのに，依然として15％の粗利益率を目標にして仕事をしていると，月間の粗利益額は400万円×15％＝60万円になる。

つまり，粗利益率の15％は守っているが，月間の粗利益額は60万円も減っていることになるわけだ。経常利益の源泉は粗利益額なので，月間の経常利益も60万円減少してしまう。

さらに粗利益を目標にすると，これは売り上げから変動費を差し引いたうえで社員の給与をも差し引くものなので，目標を達成するためには自らの給与を下げるということになりかねない。

そこで，ここでは，「目標限界利益額」を考える。つまり，売り上げ（現場の場合は工事の出来高）から，外部に支払った変動費を差し引いたものを管理するということだ。

1カ月や1人当たりの限界利益額を算出する手法には2通りある。①1カ月当たりの出来高によって算出する方法，②工事全体の出来高（完成工事高）を工期で除することで算出する方法だ。1人で複数の現場を担当する場合には①で算出するとよいし，1工事当たりの工期が1カ月を超える場合には，②の方法が適する。

この二つの方法で求める場合の算出式は次の通りである。

第1章 なぜ会社には利益が必要なのか

(1) 1カ月当たりで算出する場合

前月の出来高（A＝　　　　　）＝完成工事高
－）前月の変動費（B＝　　　　　）＝外注費や材料費、現場経費
　　前月の限界利益（A－B＝　　　　　）

　　現場担当者数（C＝　　　　　）人
　　1人の1カ月当たりの限界利益（A－B）÷C

$$\frac{(A-B=\qquad\qquad)}{(C=\qquad\qquad)} = (\qquad\qquad\qquad)$$

(2) 1工事当たりで算出する場合

完成工事高の合計（A＝　　　　　）
－）変動費の合計　　（B＝　　　　　）＝外注費や材料費、現場経費
　　限界利益の合計（A－B＝　　　　　）

　　現場担当者数（C＝　　　　　）人
　　工事期間　　（D＝　　　　　）カ月
　　1人の1カ月当たりの限界利益（A－B）÷（C×D）

$$\frac{(A-B=\qquad\qquad)}{(C=\qquad)\times(D=\qquad)} = (\qquad\qquad\qquad)$$

小規模工事の場合は複数工事を集計し、約1カ月分として算出する。

「人財」となるために

ここで、1人につき1カ月当たりの限界利益額の適切な目標を明確にする必要がある。

建設会社の資源は、「人」である。製造業では、優秀な機械を入れると利益を上げてくれることがあるが、建設業ではそのような機械は存在しない。「人」こそが、最大の資源だ。

組織の「じんざい」には4種類あるといわれている。「人財」、「人材」、「人在」、「人罪」である。この4種類の「じんざい」は、①仕事ができて業績を上げる人かどうか（業績に対する貢献度）、②人を育てるなど組織の機能を高める活動をしている人かどうか（人や組織に対する貢献度）の二つの軸で評価することができる（**図1-15**）。

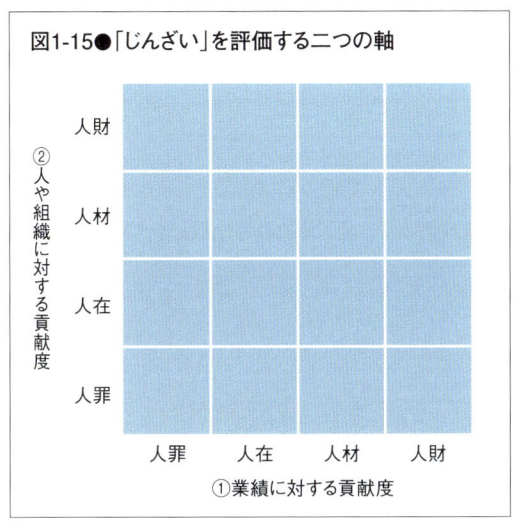

表1-3●「じんざい」にも4種類ある

人財	自分の給料の3倍以上の限界利益を稼ぐ人
人材	自分の給料の1～3倍の限界利益を稼ぐ人
人在	自分の給料分だけの限界利益を稼ぐ人
人罪	自分の給料分の限界利益を稼げない人

表1-3に、①の「業績に対する貢献度」での評価基準を示す。このように自分の給料との比較で目標を設定することができる。給料には、給与手当に法定福利費や福利厚生費を含めている。

個々の社員に対して限界利益の目標を明確にするために、「限界利益・人件費倍率」という指標を設け、次のように定義する。

限界利益・人件費倍率＝限界利益÷人件費

　例えば，限界利益・人件費倍率の目標を3倍に設定し，目標を達成すれば，「人財」であるということだ。あなたは，給料に見合う限界利益額を上げているだろうか。あなたは，どの「じんざい」だろうか。
　自分自身の実績を見つめ直すことから，原価低減活動は始まる。

　D建設会社において，1人当たりの限界利益の実績と計画の妥当性をそれぞれ評価してみよう。

1人につき1カ月当たりの限界利益額は，
今期の実績＝2億3000万円÷20人÷12月＝95万8000円/人・月
来期の計画＝2億9400万円÷20人÷12月＝122万5000円/人・月
1人当たりの給料＝48万円/人・月とすると，

今期の実績＝95万8000円÷48万円＝2.0倍
来期の計画＝122万5000円÷48万円＝2.6倍

> **演習　次の2人はどの「じんざい」？**
> 次の2人は，人財，人材，人在，人罪のいずれに当たるだろうか。
> A君：完成工事高は1000万円，限界利益率は11％，施工した工期は1カ月，給料は35万円
> B君：完成工事高は1000万円，限界利益率は15％，施工した工期は4カ月，給料は30万円

　A君が1カ月間で稼ぎ出した限界利益額は，1000万円×11％＝110万円。限界利益・人件費倍率（限界利益額÷給料）は，110万円÷35万円＝3.14倍。つまり，A君は35万円の給料の3倍以上を1カ月間で稼いでおり，「**人財**」だということになる。

　B君が4カ月間で稼ぎ出した限界利益額は，1000万円×15％＝150万円。したがって，1カ月当たりの限界利益額は，150万円÷4カ月＝37万5000円。限界利益・人件費倍率（限界利益額÷給料）は，37万5000円÷30万円＝1.25

倍となり，B君はかろうじて給料30万円を稼いでいる状態だ。つまり，B君は「**人材**」である。

限界利益率だけを見ているとB君の方が優秀だが，限界利益額を考えるとA君の方が優秀ということになる。しかし，多くの建設会社では，限界利益率の高い人を評価している。人事管理に際しては，心したいところである。

1人当たりの経常利益額を算出

これまで考えてきた限界利益額の目標は，主として工事を担当する社員の目標となる。続いて，全社員の目標となる数字として，社員1人当たりの経常利益を考える。「経常利益○億円」とか，「経常利益率○％」と言われても，一般社員にはぴんとこない。しかし，1人当たりの経常利益を考えるとぴんとくる数字となるのだ。

経常利益とは，営業利益に営業外損益を加えたものである。営業外損益とは多くの場合，借入金や貸出金の金利である。

演習 社員1人当たりの売上高と経常利益を算出せよ

前出のC建設会社について考えてみよう。社員数は26人（工事部員20人，その他6人）だ。今期の実績は以下の通りである。
・売上高＝18億円
・変動費＝15億7000万円
・限界利益＝2億3000万円，工事の限界利益率の平均＝12.8％
・固定費＝2億円
・経常利益＝3000万円，経常利益率＝1.7％

これに対して，来期の概算利益計画は以下の通りである。
・売上高＝21億円
・変動費＝18億600万円
・限界利益＝2億9400万円，工事の限界利益率の平均＝14.0％
・固定費＝1億9000万円
・経常利益＝1億400万円，経常利益率＝5.0％
このとき，社員1人当たりの売上高と経常利益をそれぞれ算出せよ。

まずは，今期の実績から考える。

社員1人当たりの売上高は，18億円÷26人＝6923万円。

社員1人当たりの経常利益は，3000万円÷26人＝115万円。

次に来期の計画では，

社員1人当たりの売上高は，21億円÷26人＝**8077万円**。

社員1人当たりの経常利益は，1億400万円÷26人＝**400万円**。

社員1人当たりの経常利益の目安を参考までに示すと，社員20人までの会社は1人当たり80万円，社員20〜100人の会社は同150万円，社員200人以上の会社は同200万円と考えられる。

以下に建設業における実績を示す。

表1-4●建設業の実績　　　　　　　　　　　　　　　　　　　　　　（単位：特記以外は千円）

売り上げ規模	総合工事業				黒字かつ自己資本がプラスの企業
	5000万円未満	5000万〜1億円	1億〜2億円	2億円以上	
従業者1人当たりの売上高	9,946	15,798	21,688	33,119	22,903
売上高経常利益率（％）	-3.6	-0.7	0.2	0.5	1.7
従業者1人当たりの経常利益	-358	-110	43	166	389
従業者1人当たりの粗付加価値額	3,185	4,114	4,710	5,651	5,008
従業者1人当たりの人件費	3,078	3,728	4,094	4,705	4,123

(注)国民生活金融公庫総合研究所編「小企業の経営指標（2007年版）」（中小企業リサーチセンター発行）を基に筆者が作成

1人の1時間当たりの経常利益を考える

次に，社員1人の1時間当たりの経常利益を考えてみよう。

C建設会社の社員1人当たりの経常利益は，先の演習の結果から今期の実績が115万円で，来期の計画では400万円。1年間で2500時間（250日×10時間）働くとすると，社員1人の1時間当たりの経常利益は，

今期の実績では115万円÷2500時間＝460円/人・時間，

来期の計画では400万円÷2500時間＝1600円/人・時間となる。

1人につき1時間当たりの経常利益の額に応じて、以下のように評価できる。
- 特優＝300円以上
- 優＝200〜300円
- 良＝100〜200円
- 可＝50〜100円
- 不可＝10〜50円
- 問題外＝10円未満

C建設会社の平均給料は1カ月当たり48万円なので、社員の時間給は、48万円÷（2500時間÷12月）＝2304円となる。また、1分当たりの給料は、2304円÷60分＝38円となる。

つまり、C建設会社では、1人の1時間当たりの経常利益が今期は460円であり、1分当たりの給料が38円なので、1時間に12分（460円÷38円）、無駄に過ごすだけで経常利益分の費用を浪費してしまう計算になる。

時間の推移を見よう

1人当たりの限界利益と経常利益をそれぞれ見てきたが、これらの評価は瞬間的な数字の大小だけでなく、数年間の経緯も重要だ。例えば、
- ある時点での数字の大きさ
- 3年〜5年の数字の推移
- 10年〜20年の数字の推移

ある時点での数字の大きさは、そのときにとるべき行動の判断根拠とし、3年から5年までの数字の推移は中期的な戦略を立案する際の判断根拠とし、10年から20年までの数字の推移は経営方針やビジョンを立案する際の判断根拠とする。

3年から5年までの変化をウエーブ（波）といい、その移り変わりを変化の萌し（きざし）という。一方、10年から20年にわたる変化をトレンド（潮流）といい、その移り変わりを変化の兆し（きざし）という（萌しと兆しについては

38ページのコラムを参照)。

次の演習は、1人当たりの指標の変化を、3年間の「萌し」(**表1-5**)と10年間の「兆し」(**表1-6**)にそれぞれ分けて見るためのものだ。変化に気づき、課題に気づくことが、問題解決の第一歩である。

> **演習** 社員1人当たりの「萌し」や「兆し」を見て対策を考えよ
>
> あなたの会社の社員1人当たりの利益の変化を**表1-5**と**表1-6**にそれぞれ記入し、問題があるところに「×」を、良いところや良くなっているところに「○」を付け、対策を考えよ。**表1-5**は3年間の「萌し」を、**表1-6**は10年間の「兆し」を見るものである。

表1-5●社員1人当たりの限界利益や経常利益の「萌し」を見る

社員1人当たりの利益	項目	直前期	
	限界利益=売り上げ—変動費	( )=( )−( )	
	1人当たりの限界利益=限界利益÷社員数	( )=( )/( )	
	1人当たりの経常利益=経常利益÷社員数	( )=( )/( )	
	1人につき1時間当たりの経常利益 =1人当たりの経常利益÷2500時間	( )=( )/( )	
	1人につき1分当たりの経常利益 =1人の1時間当たりの経常利益÷60分	( )=( )/( )	
	対策		

表1-6●社員1人当たりの限界利益や経常利益の「兆し」を見る

社員1人当たりの利益	項目	直前期	
	限界利益=売り上げ—変動費	( )=( )−( )	
	1人当たりの限界利益=限界利益÷社員数	( )=( )/( )	
	1人当たりの経常利益=経常利益÷社員数	( )=( )/( )	
	1人につき1時間当たりの経常利益 =1人当たりの経常利益÷2500時間	( )=( )/( )	
	1人につき1分当たりの経常利益 =1人の1時間当たりの経常利益÷60分	( )=( )/( )	
	対策		

まとめ

社員が実感できる目標を立てる
・目標売上高や目標利益は「億」より「万」がぴんとくる
・目標は粗利益率ではなく粗利益額で示す
・粗利益より限界利益で管理するのがよい
・社員1人当たりの利益額を設定し，個々の社員の原価意識を高める
・短期的な視野だけでなく，時間の推移をにらんだ長期的な観点も必要

2期前			3期前		
( )	=( )	−( )	( )	=( )	−( )
( )	= ( ) / ( )		( )	= ( ) / ( )	
( )	= ( ) / ( )		( )	= ( ) / ( )	
( )	= ( ) / ( )		( )	= ( ) / ( )	
( )	= ( ) / ( )		( )	= ( ) / ( )	

5期前			10期前		
( )	=( )	−( )	( )	=( )	−( )
( )	= ( ) / ( )		( )	= ( ) / ( )	
( )	= ( ) / ( )		( )	= ( ) / ( )	
( )	= ( ) / ( )		( )	= ( ) / ( )	
( )	= ( ) / ( )		( )	= ( ) / ( )	

コラム 「萌し」と「兆し」

愛知県では2005年，中部国際空港の開港に万国博覧会の開催とイベントが目白押しだった。それに伴って，たくさんの建設物が発注された。イベントに直結した工事だけでなく関連の公共工事も前倒しで発注され，この地域の工事量は大きく増加した。

2006年になって，上記のイベントが終わった。すると当然ながら，イベント関連の建設工事は激減した。しかし，自動車産業をはじめとする製造業の旺盛な設備投資意欲に支えられ，むしろ2005年以前よりも地域全体としては，好景気の様子だ。

この設備投資の増加傾向を把握していた建設会社は，長い間製造業に営業を続けており，この需要をとらえて，いまではバブル期以上の受注を獲得している。

図1-16● 「萌し」と「兆し」

B君：梅のつぼみが膨らんだぞ。もうすぐ春だな 「萌し」

A君：今日は昼の長さが11時間51分になったな。あと数日で春分だ 「兆し」

逆に，万博などの短期的需要をこなすことに全精力を傾けて先を読みきれなかった建設会社は，その後の大きな流れに乗れずに受注が低迷している。

「萌し（きざし）」と「兆し（きざし）」ということばがある。

「萌し」とは，次のような意味だ。立春を過ぎ，春の風が吹き，梅のつぼみが膨らむと，春が近づいていることがわかるようになる。そういう変化を「萌し」と呼ぶ。

「兆し」とは，次のような意味だ。冬至を過ぎると夜の時間よりも昼の時間が長くなる。それが続くと，少しずつ着実に春に向かっていく。しかし，体感的には冬至以降寒さが日々厳しくなり，春が近づいていると感じることができない。このように体には感じることはできないが，実際には移ろいゆく本格的な転換のことを「兆し」と呼ぶ。

一言でいうと目に見える変化を「萌し」といい，目に見えない変化を「兆し」といえるだろう。英語では前者をウエーブ（波），後者をトレンド（潮流）ともいう。

京セラの稲盛和夫さんは，電信電話がNTTの独占だったころ，「第二電電（現在のKDDI）」を設立した。周りの人たちは全員反対だったそうだが，稲盛さんには普通の人が見えない自由化の「兆し」が見えていたのだろう。

長野県の建設会社S社は，機械土工を得意とする会社だ。長野県では田中康夫氏が知事に就任してから入札方式が変わり，しかも公共工事は激減した。長野県の多くの建設会社では，単年度利益を確保するために人を減らし，重機の買い替えなどの設備投資を抑制した。

しかし，S社は人減らしをせず，重機を減らすこともしなかった。その結果，いまではこの地域の大規模土工事はほとんど，この会社に依頼がくる。他の会社になく，S社にあるのは「機動力」だからだ。これも，S社の経営者が「萌し」にとらわれることなく「兆し」を感じて行ってきた経営のたまものだろう。

TVや新聞は「萌し」ばかりを大きく伝えるが，経営者は短期的視野に立つばかりでなく「兆し」を感じるべく長期的な観点で判断したい。

4 利益を生むコストと生まないコスト

B君「社長がよく,『変動費や固定費を削減するように』と言うのだけれど,具体的にはどうすればいいのだろう」。
A君「コストには,変動費と固定費があるね。この違いを覚えているかい」。
B君「変動費というのは,売り上げに比例して増減するコスト,固定費というのは,売り上げにかかわらずにかかるコストだったね」。
A君「その通り。これらのコストには,減らしてよいコストと減らしてはいけないコストがある。まずは,この違いを理解することが大切だ」。
B君「コストは何でも減らすとよいと思っていたけれど,違うの?」。
A君「例えば,給料を一律で下げられるとやる気がなくなるよね。また,お客様との打ち合わせなどに必要なコストを下げると,受注が減ってしまうかもしれない。一方で,無駄なコストは徹底して減らす必要がある」。
B君「なるほど。利益を生むコストと生まないコストとの違いを具体的に勉強しないといけないね」。

いくら残ったかではなく,いくら使ったか

第1章の3までは,限界利益や経常利益を出すことの重要性や必要性を述べてきた。例えば,C建設会社は今期の経常利益として1.7%を計上している。この会社は1.7%の経常利益を残したと判断できる半面,98.3%ものコストを使用したともいえる。

したがって,このコストをなぜ,何に対して,いつ,誰に,どこで,どのような方法で支払ったかを分析する必要性は高い。

多くの会社でコスト削減に取り組んでいるが,コストを削減することでかえって会社の業績が落ちてしまうことがある。逆に,これまでよりもコストをかけることで利益の増加につながり,業績が上がる会社もある。これらはどのように違うのだろうか。

コストは,利益を生むコストと利益を生まないコストとに分けることができ

る。利益を生むコストとは，コストをかけることで業績が上がるコストのことを言い，利益を生まないコストとはコストをかけても業績が上がらず，マイナス要因にしかならないコストのことだ。

ここでは利益を生むコスト，生まないコストについてそれぞれ考えてみよう。

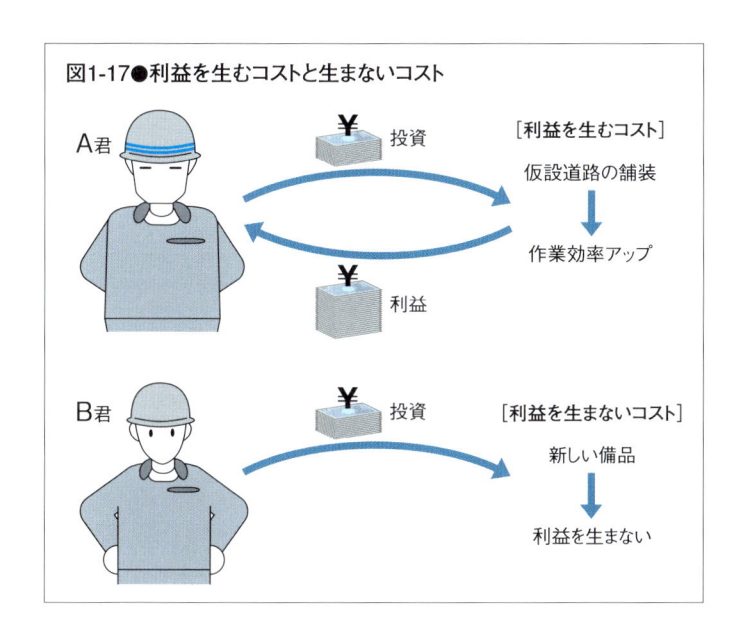

図1-17●利益を生むコストと生まないコスト

A君 → 投資 → [利益を生むコスト] 仮設道路の舗装 → 作業効率アップ → 利益

B君 → 投資 → [利益を生まないコスト] 新しい備品 → 利益を生まない

演習　利益を生む場合と生まない場合の違いは

以下に示したコストが，どのような場合に利益を生むコストとなり，どのような場合に利益を生まないコストとなるかを答えよ。

①協力会社への発注金額
②現場での資機材の小運搬費
③現場の仮設ハウスやコピー機，机，いす
④現場での整理整頓や清掃にかかる費用
⑤社員の給料（基本給や残業代）
⑥社員の福利厚生費（慰安旅行や宴会の費用）
⑦広告宣伝費（新聞広告やダイレクトメールなど）
⑧顧客へのお歳暮やお中元などの接待交際費
⑨通信費（携帯電話代や郵送費）
⑩研修費

上記の①から⑩までのコストは，変動費と固定費（人件費や販売費，一般管理費）に分けることができる。

まずは，変動費について考える。

(1) 協力会社への発注金額 ➡ 適正原価で発注しよう

　　これは，基本的には利益を生むコストだ。発注金額をやみくもに削減すると，品質の低下や工期の遅延を招き，手直しや手戻り，手待ちの費用の増加につながる。適正な原価を把握することが大切だ。適正な原価を知らずに半値八掛け（協力会社の見積金額を半額または80％にやみくもに削減要求すること）では，業績アップにはつながらない。逆に支払い過ぎになっていると，利益を生まないコストになってしまう（詳細は第3章を参照）。

(2) 現場での資機材の小運搬費 ➡ 無計画なコストは支払わない

　　計画通りに支出されるコストは問題ないが，現場での判断で無計画に支出されるコストは，無駄なものが多い。その代表例が「資機材の小運搬費」だ。運搬会社に無計画に資機材の搬入や荷降ろしを求めるので，使用の都度，小運搬しないといけなくなる（詳細は第3章を参照）。

(3) 現場の仮設ハウスやコピー機，机，いす ➡ 事務所は利益を生まない

　　現場運営の効率化に役立っていると利益を生むコストだが，多くの場合，無駄なことが多い。本社から通うことはできないのか，本社やコンビニエンスストアのコピー機を使えないのか，事務所で用いた机やいすは社内で再使用しているのかなど，チェックしたい（詳細は第3章を参照）。

(4) 現場での整理や整頓，清掃にかかる費用 ➡ 「5S」が基本

　　整理や整頓，清掃を推進することで，「ムダ・ムリ・ムラ」の削減につながる。休憩所の整備といった作業環境の改善にかかる費用など，協力会社や職人のやる気につながるコストは，利益を生むコストだ（「5S」の詳細は第6章を参照）。

次は，固定費のうちの人件費について述べる。

（5）社員の給料（基本給や残業代） ➡ 「人財」となるために

　「人財」や「人材」への給料は，利益を生むコストだが，「人在」や「人罪」への給料は利益を生まないコストだ（詳細は第1章の3や第2章を参照）。

（6）社員の福利厚生費（慰安旅行や宴会の費用） ➡ 定着率を高めよう

　1人の社員を採用するコストは，年収の3倍程度かかるといわれている。定着率が低い会社は，それだけで利益を生まないコストを支払っていることになる。

　定着率を高めるためには，①会社の方針を明確にして方針に合わない社員を採用しない，②社内の人間関係を良好にする，③給与や休日などの待遇を改善する——が必要だ。このうち，②の社内の人間関係を良好にするために必要な福利厚生費なら，利益を生むコストである（詳細は第2章を参照）。

固定費のうちの販売費，一般管理費は以下のように考えられる。

（7）広告宣伝費（新聞広告やダイレクトメールなど） ➡ 費用対効果のチェックが必要

　支払った費用に対して売り上げアップの効果が高い広告宣伝費なら，利益を生むコストである。一方，効果が低い広告宣伝費は，利益を生まないコストだ。費用対効果を綿密に分析する必要がある（詳細は第2章を参照）。

（8）顧客へのお歳暮やお中元などの接待交際費 ➡ 戦略的に使っているか

　顧客との接点を増やすことは，営業戦略として重要なことだ。中期経営計画に盛り込まれており，戦略的に用いられている接待交際費は利益を生むコストだが，戦略的でなければ利益を生まない（詳細は第2章を参照）。

固定費のうちの一般管理費も，利益を生む場合と生まない場合とがある。

（9）通信費（携帯電話代や郵送費など） ➡ 「報連相」が基本

　社外や社内でのコミュニケーション（報告・連絡・相談）不足による会

社への損失は，会社全体のロスの80％を占めるといわれている。コミュニケーション（報告・連絡・相談）促進のための費用であれば，利益を生むコストだ（「報連相」の詳細は第5章を参照）。

(10) 研修費 ➡ 「人財」は利益を生む

「人罪」を「人在」に，さらに「人材」や「人財」にするために必要で効果的な研修費は，まさに利益を生むコストである（詳細は第2章を参照）。

日々支出しているコストが，利益を生むコストなのか，利益を生まないコストなのかを社員全員が意識していることがコスト削減につながり，業績アップの第一歩になる。

続く第2章からは，現場や会社などにおける具体的なコスト削減策について解説する。

まとめ

必要なコストを見極める
・コストには利益を生むものと生まないものとがある
・コストを変動費と固定費に分けて考える
・給料や研修費は「人財」育成のために必要なコストである
・日々支出しているコストの意味を社員全員が認識する必要がある

コラム　社員のカレンダーを作る

　入社3年以内に退職する新卒社員の割合は，30％に上るという報告がある。定着率を高めることは大切な経営戦略だ。

　退職する理由は大きく三つある。
　①会社や社長の考え方と合わないから。
　②上司との人間関係が良くないから。
　③給与や休日，残業などの待遇が悪いから。

　退職の理由を本人から直接聞くと，③の待遇の悪さを指摘して辞めていく社員が多いのだが，さらにじっくり話を聞くと，本音は①と②の方が多い。社長や上司を傷付けないために，待遇のせいにするのだろう。

　先日，あと施工アンカーの専門工事会社を経営しているM社のK社長のお話を聞いた。アンカー工事は職場環境が悪く，これまでなかなか社員が定着しないという悩みがあった。

　それが，ここ数年は定着率が高くなってきたという。大卒の新入社員を7人採用し，父親の家業を継ぐなどのやむを得ない理由で2人が退社したが，残りの5人は元気に現場で働いているとのこと。そのほかの社員も辞めなくなったそうだ。

　社員が定着するようになった理由を尋ねたところ，以下のような取り組みが奏功していると教えてくれた。

①社員同士が常に携帯メールなどで報告し合うことで，社内のコミュニケーションが良くなった。例えば仕事が終わると，現場の状況をすぐに全社員にメールで配信するようになり，社内の状況がよくわかるようになった。その結果，忙しい現場に自主的に応援に行くようになった。

②社員の顔写真入りのカレンダーを作成し，社員に誇りと自信を植え付けた。顧客にもカレンダーを配っているのだが，受け取った顧客から「あなたは2月号に載っていた人ですね」と言われたそうだ。

③毎月，社内勉強会を終業後に開催している。最初は職人に勉強ができるのかと心配したが，皆喜んで勉強している。リポートには必ず，社長からコメントを書

コラム

くようにしている。

④慰安旅行は社員が企画し，大いに楽しんだ。

⑤売上高の1％を研修費に充て，社外研修を積極的に利用している。

ほかにも，社員への配慮や心遣いによって社員が満足し，定着し，その結果，業績は好調である。

写真1-1●社員の顔写真を入れたカレンダー

（資料：水谷工業）

第2章
全社活動としての原価管理

1. マネジメントサイクルを回せ
2. 経営計画の作り方
3. 利益計画の作り方

1 マネジメントサイクルを回せ

B君「社長から『君は管理ができていない。もっとしっかり管理しないといけない』と怒られるんだけれど，実際のところどうしたらいいのかわからないんだ」。
A君「例えば，『部下を管理する』とは何をすればいいんだろう」。
B君「部下に仕事の内容などを説明して，時々それができているかどうかを確認することかなあ」。
A君「では，『倉庫を管理する』とはどういうことだろう」。
B君「それは，倉庫を整理整頓して，すぐにものが取り出せるようにしたり，倉庫に何が入っているのかを把握したりすることだろうか」。
A君「管理するということは多くの場面で使われるね。部下や倉庫だけでなく，現場管理，施工管理，資材管理，生産管理など幅広いよ。だからこそ，『管理』の意味を正確に知っておくことが重要なんだ」。

管理とは

「管理」をするということは，PDCAサイクルを実施することだ。ここで，PDCAとはそれぞれ次のようになる。

- Plan（プラン）＝計画や準備
- Do（ドゥ）＝実施
- Check（チェック）＝点検や確認
- Action（アクション）＝改善や見直し，反省

「P→D→C→A→P→D→C→A→P‥‥」と，輪のように循環するのでPDCAサイクルをマネジメントサイクルとも呼ぶ。

> **演習** 部下や倉庫の管理とは
> 部下の管理や倉庫の管理とは，それぞれ何をすることなのかを解説しなさい。

「部下の管理」とは以下のようなことだ。

P＝部下の目標設定（例えば測量ができるようになる，型枠の歩掛かりを把握するなど），行動予定（日次や週次，月次の予定）の作成。

D＝目標を達成できるように，部下に対して教育や指導，支援を行う。例えば個人面談やOJT（職場内訓練）など。

C＝部下の目標や行動予定が計画通りに進んでいるかどうかを点検し，確認する。例えば進ちょくの確認や行動の監視など。

A＝計画通りに進んでいるときは，さらに効果や効率を向上できるように改善を進める。一方，計画通りに進んでいないときは，当初に立案した計画を見直すか，部下に対して教育や指導をすることで改善を進める。例えば目標の再設定，行動予定の見直しなどとその再教育。

他方，「倉庫の管理」とは以下のようになる。

P＝在庫の削減や検索時間の短縮といった目標を設定，先入れ・先出し手順などの使用手順を定める。

D＝目標を達成することができるように，倉庫の使用者に対してOJTなどで教育や指導を行う。

C＝目標や実施手順が計画通りに進んでいるかどうかを会議などで点検し，確認する。

A＝計画通りに進んでいるときは，さらに効果や効率を向上できるように改善を進める。一方，計画通りに進んでいないときは，当初に立案した計画を見直すか，部下に対して教育や指導をすることで改善を進める。例えば目標の再設定，行動予定の見直しなどとその再教育。

このように，管理者として仕事を行う場合，PDCAサイクルを意識して実行しなければならない。ところが多くの管理者は，以下のようなタイプの人が少なくない。

① P（計画）だけで行動しない「考えすぎ型」。
② P（計画）せずにD（実施）だけを行う「向こう見ず型」。
③ P（計画）やD（実施）だけで，C（点検）を行わない「やりっぱなし型」。
④ P（計画）やD（実施），C（点検）を行っており不具合があれば修正するが，再発防止であるA（改善）を行わない「その場限り型」。

組織のPDCAサイクルと現場のPDCAサイクル

B君「管理とはPDCAサイクルを回すことだとわかったけれど，実際に会社では何をすればよいのだろう」。
A君「立場によって実施することが異なるよ。経営者は経営者のPDCAサイクル，部門経営者は部門経営者のPDCAサイクル，現場管理者は現場管理者のPDCAサイクルをそれぞれ回す必要があるんだ」。
B君「経営者，部門経営者，現場管理者って何？」。
A君「経営者とは会社全体を管理する人，部門経営者とは担当している部門を管理する人，現場管理者とは担当している工事現場を管理する人をいうんだ。これらの人たちがそれぞれの立場でPDCAサイクルを回さないといけない」。

図2-1を見てほしい。最も大きな輪が，経営者が回す組織のPDCAサイクルだ。会社に一つのサイクルが存在する。

次に大きい輪は，部門経営者が回すPDCAサイクルであり，部門の数だけサイクルの数が存在する。

最後に，最も小さな輪は現場代理人が回す工事現場のPDCAサイクルだ。工事現場のPDCAサイクルは，工事現場ごとに実施するので，現場の数だけサイクルの数が存在する。

この第2章では，経営者と部門経営者が回すPDCAサイクルを2章の2と3

でそれぞれ解説する。さらに，現場代理人が回すPDCAサイクルは第3章で詳述する。

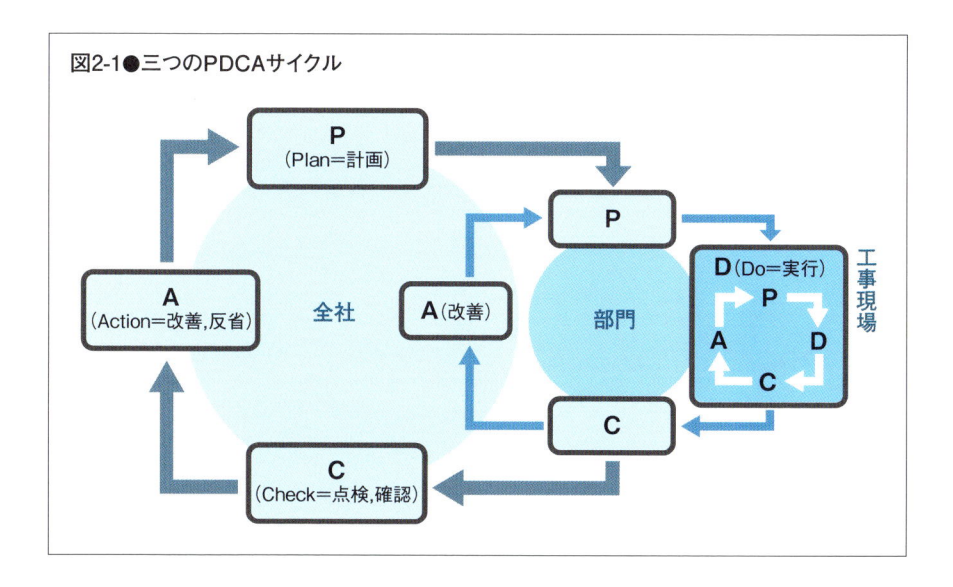

図2-1●三つのPDCAサイクル

三つのPDCAサイクル

PDCAサイクルは全社，部門，工事現場のそれぞれに存在する。具体的にはどのようなことをするのかを，以下の演習を基にみていこう。

> **演習　PDCAサイクルでは何を実施するのか**
>
> 全社，部門，工事現場それぞれのPDCAサイクルについて，具体的に何を実施すべきなのかを解説しなさい。

表2-1に全社，部門，工事現場ごとのPDCAの実施項目を記載した。このように，責任者や管理項目はそれぞれで異なる。したがって，三つのPDCAサイクルの各要素のうち，どれか一つでも欠けたり，実施されていなかったりすると，会社がうまく運営されない。

これは，前述のPDCAサイクルを行わないタイプばかりではない。経営者が経営者のPDCAサイクルを回さずに，部門や工事現場のPDCAサイクルにばかり関与している場合や，部門経営者が現場代理人となって工事現場の

PDCAサイクルしか実施していないときにも発生する。

このような状態になると、会社や部門のかじ取り役が不在となり、社員が不安になってあたかも迷子のような状態になってしまう。結果として組織力が低下することで売上高が減り、変動費や固定費が増えて業績が悪化する。これを「迷子の経営」と呼ぶが、詳しくは第2章の2で述べる。

表2-1●管理区分で異なる責任者や管理項目

管理区分	全社	部門	工事現場
責任者	経営者	部門経営者	現場代理人
管理項目	経営管理(商品や営業,人事,組織,財務)	部門経営管理(商品や営業,人事,組織,財務)	施工管理(品質や原価,工程,安全,環境)
P(計画)	経営計画	部門経営計画	施工計画
D(実施)	全社教育	部門教育や集中購買	現場における教育
C(点検や確認)	月次や4半期,年度の進ちょく確認	月次や4半期,年度の進ちょく確認	月次やしゅん工時の進ちょく確認
A(反省や改善)	改善(再発防止や未然防止)	改善(再発防止や未然防止)	改善(再発防止や未然防止)

集中購買のメリットとデメリット

表2-1の中で、部門が行うD(実施)に集中購買と書かれている。これは、工事現場単位で実施している購買業務を、ある部門(購買部門)が一括してまとめて行うものだ。

集中購買にはメリットとデメリットがあり、十分に理解して行う必要がある。例えば労務の外注や資材購買の発注の仕方には、以下の2通りの方法がある。

①現場代理人が現場ごと購買する(個別購買)。
②組織の購買担当部門が管轄している現場をとりまとめて購買する(集中購買)。

これら①や②にはそれぞれメリットとデメリットがあり、購買対象ごとに有利な発注方法がある。どの発注方法を採用すると有利になるかを個々に十分に検討し、購買システムを構築する必要がある。**表2-2**にメリットとデメリットのほか、有利な場合をまとめた。

表2-2●個別購買と集中購買との比較

	メリット	デメリット	有利な場合
個別購買	・取引先に現場条件を正確に伝えることができる ・他の工種の交渉を同時に行うことで交渉を有利に進めることができる	・値段交渉の成否が,現場担当者の力量によって決まる ・現場の工程によって購入(契約)時期が限定され,相場が高価な時期に購買することがある ・現場担当者が多忙で十分に検討せず,安易に取り決めをすることがある	・規格化されていない金物などの資材 ・専門性が比較的低い労務。例えば掘削工や型枠工などは地元での個別購買が有利
集中購買	・購買業務の経験が豊富な担当者が行うのでミスが少ない ・スケールメリットによって安価に購買できる ・相場を理解したうえで,安価なタイミングで購入できる ・現場担当者が施工に集中できる	・取引先に現場条件を正確に伝えられない場合がある ・現場担当者の購買能力が向上しない ・現場担当者が購買条件を理解しておらず,現場でミスが起きやすい ・取引先と購買担当者が癒着する	・コンクリートや鋼材,鉄筋などの原材料 ・規格化されていてスケールメリットがある資材。例えば住宅設備やサッシなど ・専門性の高い労務。例えば地盤改良や法面工事,トンネル工事など

　集中購買は,やり方によっては大変効果的だが,ともすれば形骸化する恐れがある。明確な購買方針を立てて,推進することが必要だ。

まとめ

PDCAサイクルを活用しよう

・管理とはPDCAサイクル(マネジメントサイクル)の実践をいう
・管理に際して「考えすぎ型」,「向こう見ず型」,「やりっぱなし型」,「その場限り型」にならないように注意しよう
・企業には全社のPDCA,部門のPDCA,工事現場のPDCAが必要だ
・集中購買を活用しよう

コラム　おでんの屋台

　寒くなると,屋台で暖かいおでんを食べながら熱かんを飲むという楽しみがある。私は,若いころ大阪で父と屋台のおでん屋さんに行ったことを,昨日のように覚えている。また,冬の韓国で家族と一緒にフーフー言いながら食べた屋台のトッポッキの辛さを忘れられない。

　屋台に座ると思うことがある。客でいっぱいの屋台,がらがらの屋台,大きくなってフランチャイズ展開にまで発展した屋台,これらはどう違うのだろうか。もし自分が屋台を引くとなると,どうすればはやる屋台を経営することができるのだろうか。

　最初に考えるのは仕入れだ。おでんの具を買わないといけない。スーパーで売っている具を買う方法もあれば,問屋で買う方法もある。農家から直接,買うことも可能だろう。次にだしだ。いい味を出すためには,だしがポイントだ。高いかつお節を買うこともできるし,かつお節の会社に行って安いくずをもらってくる方法もある。

　そして,肝心の売り値の決定だ。一切れ50円のおでんがあると思えば,300円を超す値をつける屋台もある。安くすると沢山売れるが,利益が出ない。高くすると,一つ当たりの利益は出るが売れない可能性がある。

　いい商売,悪い商売というのがあるのではなく,どの商売であっても値決めを適切に行うことで売り上げを増やし,経費をできるだけ減らせば,経営はうまくいくものだ。ある会社では,幹部社員に5万円を手渡し,屋台を貸して1カ月間おでんを売るという社内研修をしている。いくら利益を上げてくるのかが成果だ。

　会計の原則は「売り上げを最大に,経費を最小に」である。
　当たり前のことのようだが,なかなか難しい。売り上げを伸ばすために社員を増やし,広告を出すという計画を立てたとしよう。幹部社員は計画通り,社員を増やして広告を出す。当然,経費が増える。
　その結果,売り上げが伸びてくれればいいのだが,思ったように伸びない。そうすると,売り上げが伸びないのに経費だけが膨れ上がり,「売り上げを最大に,経費を最小に」という原則から離れてしまう。社員全員が売り上げを最大に,経費を最小にと心得て会社を運営することで,高収益企業となる。

　一人ひとりがおでんの屋台を経営しているように,売り上げや経費に敏感になる必要がある。

2 経営計画の作り方

　C建設会社のD社長は，幹部である部長数人と共に，組織のPDCAのうち，P（計画）に当たる経営計画を作ろうとしている。これまでも，C建設会社には経営計画が存在していた。しかし，D社長が1人で作成していたので社員に浸透せず，絵に描いたもちになっていた。しかも，今期の業績が悪く，来期以降の業績を向上させるには，経営計画の見直しと作成が欠かせないと判断した。

　D社長「このところ当社の業績は良くない。売上高も経常利益も下がっている。だからこそ，きちんとした経営計画を作成して，先を見据えた経営をしようと思う」。
　部長「以前も経営計画をD社長が作られましたが，その後，誰も見なかったし，結果として未達成でした。経営計画の作成には，どんな意味があるのでしょうか」。
　D社長「昨今の世情は，下りのエスカレーターを上っているようなものだと思うんだ。じっとしていると下がってしまう。普通に歩いていて現状維持。エスカレーターが下るスピード以上に上がらないと成長はできない。つまり，世の中の変化以上にわが社が成長しないと業績の向上は見込めない」。
　部長「外部の環境はとても厳しいです。そして，それを不安に感じて社員が次々と辞めていっています」。
　D社長「社員に夢を与えるためにも，経営計画が必要なんだ。そして今回は，私1人で作成するのではなく，幹部の皆さんと一緒に作成しようと思う」。
　部長「わかりました。難しそうですが，がんばります」。

中期経営計画の作成手法
　経営計画の作り方について考える前に，まずは以下の演習に答えてほしい。

第2章　全社活動としての原価管理

> **演習**　**来年度の経営計画の作成で望ましい方法は**
>
> 　来年度の経営計画を作成するにあたって，3年後になりたい姿からさかのぼって計画を立案する方法と，前期から今期までの状況を延長して3年後の計画を立案する方法がある。どちらが望ましい方法だろうか。

　最初に，中期経営計画の作成手法について考えてみよう。ここで中期とは3年から5年までをいう。ちなみに短期は1年，長期は10年程度と考えるといいだろう。中期経営計画の立て方には2通りの方法がある。

　図2-2を見てほしい。現在を起点として向かっている方向の延長線上に，未来が存在するという考え方だ。現在向かっている方向（経営方針）によって将来が決まると考える。つまり，現在の経営方針が最も重要だという考え方だ。

　前年との対比で目標や方針を立てることがあるが，これはこの考え方による。例えば，昨年までの業績から判断して今年度や3年後の目標を設定するということだ。

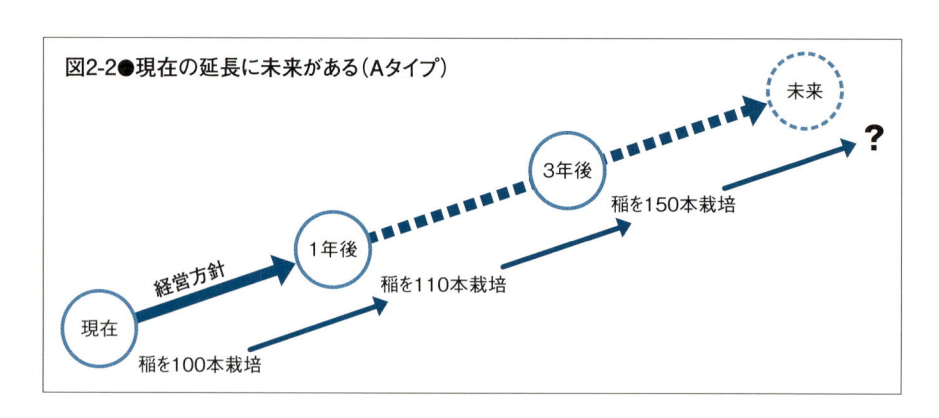

図2-2 ● 現在の延長に未来がある（Aタイプ）

現在（稲を100本栽培）→ 経営方針 → 1年後（稲を110本栽培）→ 3年後（稲を150本栽培）→ 未来 ?

　一方，**図2-3**のように，まずは未来（経営理念，あるべき姿やなりたい状態）を想定し，そこに到達するために現在は何をすればよいかを推定するという考え方がある。先に未来の姿を明確にすることで，現在の取り組むべきことを明らかにすることができる。

　例えば，10年後に新たな事業を開始したいと思えば，いまから準備を始め，詳細な計画を立てて推進するということだ。

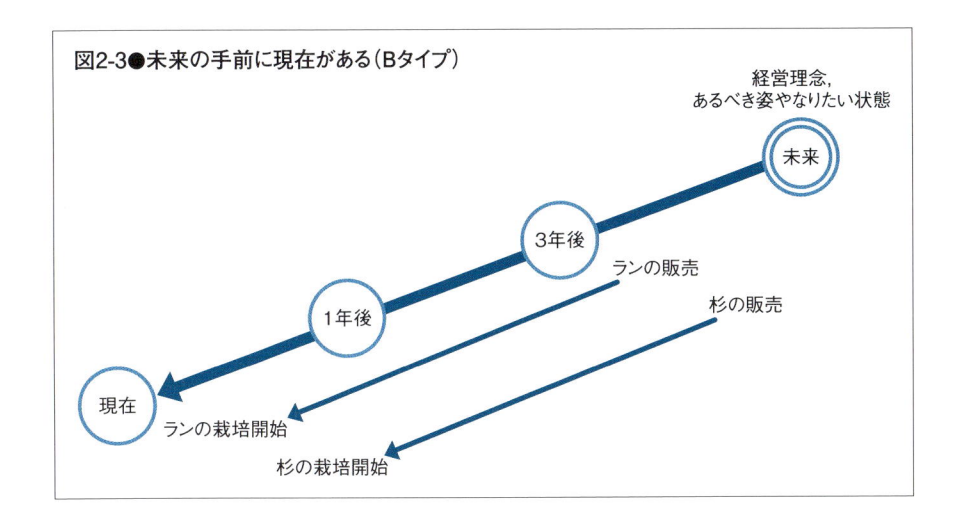

図2-3 ●未来の手前に現在がある（Bタイプ）

経営理念,
あるべき姿やなりたい状態

未来

3年後
　　ランの販売

1年後
　　　　　杉の販売

現在
ランの栽培開始
　　杉の栽培開始

　この両者のどちらの手法をとるのが良いかは将来，実施したい対象による。
　例えば，稲を前期は100本栽培したので，今期は110本，3年後は150本栽培しようというのであれば，**図2-2**で示したAタイプがいいだろう。
　新規事業として，花をつけるまでに3～5年かかるランの花の販売を始めたいというのであれば，販売開始の3～5年前から栽培を始めなければならない。さらに，30年後には杉の木材販売を始めるというのであれば，その30年前から行動を開始しなければならない。つまり，これらのような場合は**図2-3**のBタイプで考えないといけない。

　現在の延長線上のビジネスをするのならAタイプの経営計画が必要になるし，新たな発想でビジネスを展開するということであればBタイプの経営計画が必要になる。

　現実的には，10年後に無借金経営にするというあるべき姿やなりたい状態を見据えて今期は○○円の利益が必要だと考えながら，昨年までのことを思えばとても○○円の利益は無理なので△△としよう，というようにAタイプとBタイプの両方の考え方で経営計画を制定することになる。
　現在はどちらの考え方によって行動しているのかということを意識することが大切である。

迷子の経営

第2章の1でPDCAサイクルを説明した際に少し触れた「迷子の経営」について，次の演習を基にもう少し詳しく考えてみよう。

> **演習　迷子は何が不安で泣きじゃくるのか**
>
> 百貨店に迷子がいる場面を想像してほしい。迷子は不安で泣きじゃくっている。では，迷子はいったい何が不安なんだろうか。

（1）どこにいるのか，「現在地」がわからない

自分が百貨店の何階にいるのか，その階のどの辺りにいるのかがわからないから不安になるのだ。私は，どこにいるのだろうか。

（2）どこに行けばいいのか，「行き先」がわからない

お父さんやお母さんがどこにいるのかがわからないので，どこに向かって歩いて行けばよいのかがわからないのだ。お父さんやお母さんは同じフロアにいるのか，それとも違うフロアに行ってしまったのだろうか。

（3）どのようにして行けばいいのか，「行き方」がわからない

いま自分がどこにいるのかを知っていて，お父さんがどこにいるのかがわかっていても，そこにどのようにして行けばいいのかがわからないのだ。歩いて行けばいいのか，エスカレーターに乗らないといけないのだろうか。

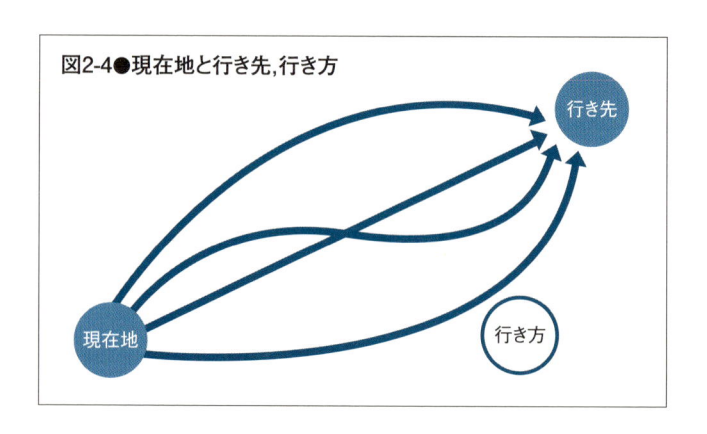

図2-4●現在地と行き先，行き方

図2-4のように現在地と行き先がわかれば，行き方は何通りかある。階段でも行けるし，エレベーターでも行ける。大切なことは，まずは現在地を知り，行き先を明確にし，そのうえで行き方を決めるということだ。

このようなことが，企業経営でも行われていることがある。社員が「迷子」になっているのだ。これを「迷子の経営」という。「お父さん」が社長で，「迷子」は社員だ。

迷子をつくらないために，企業の現在地や行き先，行き方を明確にしなければならない。それが経営計画である。現在地を知るために現状を分析し，行き先である経営理念や経営方針を明確にする。そして，その方針に沿った経営戦略や戦術という行き方を明確にする。

「わが社は行き先を明確にしないまま30年経営してきたが，社員は迷子になんかなっていない」という人がいるかもしれない。

タクシーを想像してほしい。あなたは，手を上げてタクシーを止めた。本来なら行き先を告げるところだが，行き先を告げなかったとしよう。タクシーは1mも進むことができないはずだ。行き先を告げなくても進んでいるタクシーがあるとすれば，それはギアがニュートラルだったり，後ろから追い風が吹いていたり，下り坂であったりしたために，惰性で前に進んでいるだけだ。そこに，前から向かい風が吹いてきたり，急に上り坂になったりするとたちまちタクシーは立ち往生し，後退してしまう。

行き先を明確にしなくても進んでいる企業は，このように追い風を受けていただけだ。向かい風でも上り坂でも前進するためには，車輪である社員が力を合わせて駆動しないといけない。そのためには，行き先を明確に告げる必要があるのだ。

経営計画の作成のステップ

迷子の経営から脱するために，「経営計画」が必要になる。そのステップには，以下の（1）から（3）までの三つの段階がある。

(1) 現在地を明確にする＝世情やライバル会社，自社が現在，どのような状態かを知る

まずは，自社の居場所を知ることが必要だ。一つは世情や業界の状況，市場やライバル会社の状況などの外部環境。もう一つは，自社の状況である内部環境である。

(2) 行き先を明確にする＝自社の向かうべき方向を明確にする

行き先として，経営理念や経営方針がある。経営理念とは，経営に関する経営者の基本的な考え方や方向性だ。経営方針とは，例えば次のようなことである。

- いまの規模を維持するのか，拡大路線か，縮小するのか
- 建築から住宅へ，注文住宅からリフォームへ，土木から解体へなど，建設の中の異分野に進出するのか
- 介護やリサイクルなど，全く新しい分野に進出するのか

(3) 行き方を明確にする＝具体的な施策を明確にする

現在地と行き先が明確になれば，どのようにしてそこに向かうのかについて「なぜ（目的），何を（対象），いつまでに（期限），どこで（領域や地域，範囲），誰が（責任者），どのように（方法），いくらで（予算）」を書き上げる。計画が緻密（ちみつ）であればあるほど，行動が緻密になる。

ではC建設会社を例に，具体的なステップを踏んで，同社の経営計画を作成してみよう。

「現在地」を明確にする

D社長「経営計画を作成する意義をわかってもらえただろうか」。
部長「社員が辞めていっていたのは，会社が『迷子の経営』になっており，社員が迷子になっていて不安だったからですね。よくわかりました」。
D社長「迷子で泣いている社員を，なくしたいんだ」。
部長「私も同感です」。
D社長「では，これから具体的に経営計画を作成しよう。まずは現状を把握

して,『現在地』を知ることから始めよう」。

D社長と幹部社員が集まって経営計画の作成を始めている。ここでは,年度経営計画の作成手法を中心に解説する。

(1) 外部環境を分析

まずは,自社を取り巻く環境の現状を把握する(次ページの**表2-3**)。マクロな世界の状況や建設業界の状況,顧客の業界の状況,ライバル会社の現状など,外部の状況を知ることを外部環境分析という。これは,機会(自社にとって有利となる外部環境)と脅威(自社にとって不利となる外部環境)とに分けて考える。

最初に,例えば以下のようなマクロな外部環境の変化を知ることが大切だ。
・経済成長率
・失業率
・有効求人倍率
・業界の成長度
・マーケットサイズなど

自社が販売する商品の対象とするマーケットの大きさや占有率,成長性などを認識して戦略を立てないといけない。

次に,少し範囲を狭めて業界の状況を把握しよう。自社がいる建設業界の状況と商品の販売先の市場動向とを知る必要がある。商品の販売先の市場動向とは,例えば自動車製造業の工場建設を手がける会社であれば自動車業界の現状だ。住宅リフォームを商品とする会社なら,個人消費者の消費傾向を知る必要がある。

業界の状況の次はライバルの分析だ。「敵を知り,己を知れば,百戦危うからず」という。「敵」すなわち,ライバル会社の現状を知ることは大変重要だ。ライバル会社の最近の動きはどうだろうか,新商品や新市場に

打って出てはいないだろうか。ライバル会社と同じ土俵で勝負するのか，異なる土俵に持ち込むのか。ライバル会社に対する周囲の評判を聞く方法や直接，ライバル会社の社員から話を聞く方法がある。

表2-3●外部環境の分析表

		機会	脅威
外部環境	マクロ環境	・地球環境問題の高まり ・高齢化 ・耐震工事の増加	・原油高による材料の高騰 ・少子化 ・公共団体の財政難
	建設業界	・法人需要の増加 ・同業他社の減少	・人材の建設業離れ ・公共事業の減少
	自動車業界	・自動車増産 ・世界的な好景気	・工場の海外進出が加速 ・品質が厳しい
	個人消費者	・高級志向の高まり ・個人消費量の増大	・志向の多様化と多極化
	ライバル会社	・M&Aの対象企業が増えているので営業展開に有利	・新規事業に進出している ・地域外からの参入が増えている ・低価格での入札

（2）内部環境を分析

次に自社の現状を分析する。これは自社の強みと弱みを知ることだ。商品力，営業力，人材力，組織力，財務力に分けてそれぞれ分析する。

（2）-1　商品力

商品ごとの売上高と粗利益を算出し，経年変化がわかるようにする。どの商品に強みがあり，どの商品に弱みがあるのかを数値で知ることが大切だ（**表2-4**）。さらに，顧客満足のアンケート調査の結果やクレーム情報も商品分析に使用する。

表2-4●商品別の事業分析

商品	前々期		前期		今期	
	売上高	粗利益	売上高	粗利益	売上高	粗利益
土木工事						
建築工事						
小規模工事						
不動産						

(2)-2 営業力

顧客別や地域別，個人別の売上高，粗利益の推移がわかるようにする。顧客別の事業分析を**表2-5**に，地域別の事業分析を**表2-6**にそれぞれ示す。ある会社では，売上高が多い顧客について売上高と粗利益を分析した結果，安値で受注しているので粗利益が低いことがわかった。しかも，受注するための接待交際費などの営業経費がかかっており，結果として赤字である顧客が存在することが判明した。結果，その顧客との取引をやめた。売り上げは減少したが，会社全体の利益を確保できるようになったという事例がある。

表2-5●顧客別の事業分析

顧客	前々期		前期		今期	
	売上高	粗利益	売上高	粗利益	売上高	粗利益
○○工業						
○○自動車						
個人消費者						
公共団体						

表2-6●地域別の事業分析

地域	前々期		前期		今期	
	売上高	粗利益	売上高	粗利益	売上高	粗利益
○○県						
△△県						
××県						
□□地方						

(2)-3 人材力

社員の年齢構成や男女の比率，職務別の構成比率，資格保有状況などを分析する（**表2-7**）。このままの構成が続くと数年後にはどのような年齢構成になるのかがわかる。今後，新卒採用するのか，中途採用するのか，さらに資格保有者が何年後に減少する可能性があるのかなどが判明する。

表2-7●人材構成の推移表

	前々期	前期	今期	来期	2年後	3年後
〜29歳						
30〜39歳						
40〜49歳						
50〜59歳						
60歳以上						

（2）-4　組織力

　組織力には，目に見える組織力と目に見えない組織力とがある。目に見える組織力とは，組織体制，責任と権限，目標管理制度，人事評価制度，経営計画，内部統制などだ。システムや仕組みの有無とその活用状況をいう。

　目に見えない組織力とは，社風といわれるものだ。
　経営とは，経営者や部門経営者の考えていることを，社員の協力を得て達成することである。つまり，社員が経営者や部門経営者の考え方に同調し，協力していなければ，経営計画は「絵に描いたもち」になってしまう。会社全体のムードや雰囲気のことを社風という。社風とは，社員が経営者や部門経営者の考え方に同調し，協力しようとしている程度と定義してもよい。
　経営者や部門経営者の考えていることを1とすると，それを10にも100にもしてしまう社風を，「活性化した社風」という。反対に，経営者や部門経営者の考えていることに対して0.8や0.5しか達成しない社風を，「よどんだ社風」という。
　社風とは人の感じ方なので，以下のようなファクターで探ることができる。

・明るい⇔暗い　　・暖かい⇔冷たい　　・おおらか⇔こせこせ
・活気がある⇔活気がない　　・やりがいがある⇔やりがいがない
・一体感がある⇔バラバラである　　・手堅い⇔ずさん
・安心⇔不安　　・正確⇔不正確　　・自由⇔窮屈

・革新的⇔保守的　　・将来性を感じる⇔将来性を感じない
・良い方向へ⇔悪い方向へ　　・安定⇔不安定
・スマート⇔やぼったい　　・まじめ⇔不まじめ

　やっかいなことに，他社の社風は気づいても自社の社風は自分では気づきにくい。他社を訪問したときに，「なんとなく暗い」「活気が感じられない」「ずさんな雰囲気がある」と感じたことがあるだろう。しかし，その会社の社員は気づいていないことが多い。さらに，一般社員は気づいているが，経営者や部門経営者が気づいていないこともある。だから，目に見えない組織力という。

　自社の社風を知るためには，社員アンケートや社員面談のほか，他者の訪問や第三者の意見を聞く，社風診断を受けるなどの方法がある。

表2-8●内部環境の分析表

		強み	弱み
内部環境	商品力	・評価点の平均が78点と公共工事の品質は高い ・小規模工事の限界利益率が16.3%と高い	・新商品がない ・建築工事の満足度が低い。例えば顧客満足度が55% ・建築工事の限界利益率が8%と低い ・現場の5S(整理,整頓,清掃,清潔,しつけ)が不十分
	営業力	・○○県の受注が20%伸びた ・△△工業から8億円の大型受注に成功した	・新規顧客の開拓ができていない。例えば新規顧客の開拓数が5社 ・顧客である○○工業案件の粗利益率が2%
	人材力	・まじめで誠実 ・資格保有者が15人 ・社長や幹部が勉強熱心	・5年間で7人が退社するなど定着率が低い ・30歳代が2人に対して50歳代が8人と,年齢構成に偏りがある
	組織力	・ISO9001を取得している ・人事評価制度が機能している ・慰安旅行の参加率が91%と高い ・社風はまじめで手堅く,まとまりがある	・責任と権限が不明確で権限委譲が進んでいない ・報連相(報告,連絡,相談)が不十分なことによるクレームが30件発生した ・目標管理制度が不十分である ・社風は保守的で暗く,将来性を感じない
	財務力	・流動比率○% ・固定長期適合率○% ・自己資本比率○% ・総資本回転率○回	・売上高経常利益率1.7% ・限界利益率12.8% ・損益分岐点比率○% ・社員1人当たりの経常利益115万円

少なくとも1年に1度は，自社を客観的にみる機会をつくりたい。

以上の点を含め，内部環境を分析する際の指標をまとめたものを，**表2-8**に示す。

「行き先」を明確にする

部長「自社を取り巻く外部環境の現状と，自社の内部の現状がよくわかりました」。

D社長「では次に，『行き先』を明確にしよう。創業者が作成した経営理念が経営に関する基本的な考え方を示す。それを基に，今年は何に重点を置いて経営を進めるかという経営方針を討議しよう」。

部長「まずは昨年の反省をしないといけません」。

D社長「そうだ。昨年の良かった点や悪かった点を整理して，良かった点をさらに伸ばすために，そして悪かった点を改善するためにはどうすればよいかを考えよう」。

経営に対する基本的な考え方を，「経営理念」や「経営ビジョン」，「社是」，「社訓」などという。ジョンソン・エンド・ジョンソン（株）やパナソニックのように，経営者の明確な考え方を文章にして社員に浸透させることで，世界的企業になった事例はたくさんある。

経営理念を意識しながら，**表2-9**の方針制定シートに記載することで，年度の経営方針を制定する。売り上げ目標や利益目標などの定量的な目標は別途，定めるので，定性的な目標とするのがよい。以下に例を示す。

・新商品開発を推進
・民間工事の受注と不動産取得に向けて営業力を強化
・現場の技術力と技術営業力を向上
・報連相の徹底によって組織力をアップ
・安全性や収益性を高めて財務体質を強化
・職場環境の改善と社員満足度の向上

表2-9●方針制定シート

項目	今期の良かった点	今期の反省すべき点	年度の方針
商品力	民間建築工事の紹介率が34%	公共工事の受注が減少	①小規模工事の施工力を向上 ②民間営業力を強化 ③計画的な人材育成を推進
営業力	民間大型工事を受注	新規開拓の顧客数が目標を未達成	
人材力	資格試験の合格者が9人	創造性に乏しい	
組織力	コミュニケーションが向上	中途退社が3人	
財務力	借入金が減少	経常利益率が1.7%	

「行き方」を明確にする

D社長「年度の経営方針が明確になったので,次に利益計画と行動計画を立てよう」。

部長「より具体的な計画を立てるのですね」。

D社長「そうだ。行動計画では5W2H(なぜ,何を,誰が,いつ,どこで,どのようにして,いくらで)を明確にしないといけない」。

部長「ところで,経営戦略や経営戦術という言葉をよく聞くのですが,戦略や戦術とはどういう意味ですか」。

D社長「戦略,戦術,戦闘という言葉がある。戦略とは戦い方の概略,戦術とは戦い方の術(すべ)だ。例えば魚釣りを考えると,どこの海で,どんな魚を釣るのかを決めることが戦略。その魚を,どんな仕掛けで,どんな陣形で,どんな手順で釣り上げるのかが戦術。実際に魚を釣り上げることを戦闘と言う。つまり経営者が戦略を立て,部門経営者が戦術を立て,社員を含めた全員で戦闘するわけだ」。

現在地と行き先が明確になれば,行き先に行けるように具体的な行き方である計画を立案する。

経営者は戦略を表す経営方針を立案し,部門経営者は戦術を表す行動計画を立案し,社員を含めた全員は戦闘するための行動計画を作成する。

表2-10にC建設会社の部門経営者が作成した行動計画を示す。

売上高や利益の目標を示す利益計画については,第2章の3で詳述する。

さあ経営計画の実践だ

経営計画の作成は,人材育成の一環である。社員が経営計画の構成や目的

を知り，それを常に意識して仕事をする必要がある。そうでないと，「絵に描いたもち」になりかねない。

　まずはもちを絵に描き，その「絵に描いたもち」を見ながら，実際にもちを作り，あんこを入れて，顧客に買っていただくおいしいぼたもちにしないといけない。つまり，計画の徹底した実践だ。
　そして，利益を出している会社は，さらに"棚"を作ることで，自分で作った

表2-10●部門経営者がまとめた行動計画の一例

	実施項目	目標値	目的や理由	いつ いつまでに	担当者	実施計画 どのようにして	予算 いくらで
商品	小規模工事の施工力の向上	小規模工事の限界利益率を18.1%にする	限界利益率の高い小規模工事の限界利益をさらに増やすことで会社全体の損益構造を改善する	○年○月	○○	・施工マニュアルを作成 ・グループ会議の実施によって報連相を強化	50万円
営業	民間営業力の強化	民間工事の受注額を9億5000万円にする	公共工事の縮小に伴って，民間工事の受注による収益構造の改善を果たすために，民間営業の強化は欠かせない	○年○月	○○	・紹介受注20件 ・会員制度の確立,会員数200人	100万円
人材	計画的な人材育成の強化	資格取得者を10人にする	収益構造の革新に伴って，技術営業力や不動産開拓力を付ける必要がある。併せて,管理者の管理能力の向上は欠かせない	○年○月	○○	・年間教育計画の作成と実施の確認 ・社内研修の計画的な実施 ・社内インストラクターを5人育成	500万円
組織	活性化した社風の熟成	労働分配率を45%にする	活性化した社風を熟成することで無駄な作業をなくし，生産性の向上を目指す	○年○月	○○	・社員アンケートの実施 ・社員個人面談の実施 ・社風診断の実施	50万円
財務	短期借入金の返済	短期借入金を500万円削減する	売掛金の回収を早くすることで短期借入金を削減し,金利負担を減らす	○年○月	○○	・売掛金回収の徹底 ・早期入金のための契約書の作成 ・支払いサイトの改善	5万円

もちだけでなく，上から落ちてきたぼたもちまでも逃さずキャッチし，利益につなげる。いわゆる「棚からぼたもち」である。これはチャンスを見逃さずに，前髪でつかむための仕組みを作っているということだ。経営計画が明確であれば，チャンスをチャンスとしてみることができるようになるのだ。

経営計画を作成したら，小冊子にまとめることをお勧めする。いつでも読めるように携帯するために，背広のポケットに入るサイズがいいだろう。

①朝礼で読み合わせる。
②毎日，毎週，毎月の進ちょくを確認する。
③すべての意思決定する際の判断基準とする。
④経営計画に沿った判断をしたうえでの失敗はしからない。
⑤反対に，経営計画を違反して成功しても評価しない。

作成した経営計画はフル活用してこそ，成果につながる。

まとめ

経営計画は企業の設計図である
・迷子の経営にならないために経営計画を作成する
・現在地を明確にするために，外部環境と内部環境を分析する
・行き先を明確にするために，経営方針を立てる
・行き方を明確にするために，5W2Hで計画する

コラム　無名碑

　私は，大学の工学部土木工学科を卒業してから建設会社に入社し，ダムやトンネル工事に従事してきた。

　20歳代から30歳代までは，ダムやトンネルの現場の飯場（はんば）暮らしだった。昼夜24時間，コンクリートを打設したりトンネルを掘ったりしていた。現場の職人とよく，怒鳴り合いのけんかをしたものだ。だからこそ，職人と酒を酌み交わすのも仕事のうちで，毎日のように1升酒を飲んでいた。

　1カ月の間に休日は1日か2日だったが，たまの休みには，夏は山登りか川釣り，冬は山スキーという毎日だった。多忙だけれど充実している，そんな土木屋人生だった。

　工事現場で読んだ本に「無名碑」（曽野綾子著，講談社文庫）がある。「無名碑」は，昭和20年代から昭和40年代にかけて土木工事に従事した技術者の物語だ。只見川の田子倉ダム建設，名神高速道路建設，そしてタイの道路工事がその舞台である。

　若い土木技術者である主人公の竜起と，その妻の容子がダム現場で新婚生活を始め，ダムサイトで次のような会話をする。

「あなたがあそこにダムを作るのね」。
「僕も作る」。
「名前は書かないのね。あなたの仕事は」。
「そうだよ。小説家とは違う」。
竜起は思い出して笑った。

「書かないのがすてきだわ。名前は残らないほうがいいの」。
「僕の仕事は一生どんなにいい仕事をしても個人の名前は残らない」。
「でも，私たちの子供が覚えていてくれるでしょうね。私，子供に教えるつもりよ。このダムはね，お父さんが作ったのよ，って」。
「それで十分じゃないか」。
（曽野綾子著，「無名碑」，講談社文庫）

　建設業に従事する人は，生涯にいくつかの「無名碑」を刻むわけだ。人知れず碑を刻みながら生きていく，そんな人生を歩みたいものである。

3 利益計画の作り方

D社長「次に，会社にとってとても大切な利益計画を作成しよう」。
部長「売上高や利益の目標を立てても，いつも未達成で終わるので，なんとか達成できるような計画を立てたいものです」。
D社長「それは，エイヤッで利益目標を立てていたからだ。これまでは『どんぶり勘定』だったが，これからは一つひとつ論理的に利益計画を組み立てていこう。それが，ひいては原価低減につながる」。
部長「論理的な利益目標が設定されると，社員のやる気も高まります」。
D社長「その通りだ。利益目標を達成することの意義も理解できるはずだ」。

第1章の2でC建設会社の概算利益計画を算出したが，ここではそれを基にして，さらに詳細に検討する。手順は以下の通りである。

①商品ごとの売上高と限界利益の計画を作成。
②人件費の計画を作成。
③人件費以外の固定費の計画を作成。
④利益計画書（損益計算書）を作成。

概算の目標を算出する

第1章の2で示した手順で，まずは概算の売上高と利益の目標をそれぞれ算出する（**表2-11**）。なお，来期の計画は今期の期末に作成するので，今期の利益計画は見込みとなっている。

表2-11●概算の利益計画　　　　　　　　　　　　　　　　　　　　　（単位：千円）

	前期の実績	今期の見込み	来期の計画
売上高	2,087,563	1,800,000	2,100,000
変動費	1,816,180	1,570,000	1,806,000
限界利益	271,383	230,000	294,000
固定費	220,070	200,000	190,000
経常利益	51,313	30,000	104,000

企業の将来ビジョンを達成するために，そして将来のコストである経常利益を生み出すことで企業の継続を目指すために，目標を設定する。

売上高と限界利益は商品ごとに

第1章で述べた企業の収益構造なども思い出しながら，改めて以下の演習に答えてほしい。

> **演習** 売上高や利益の計画で注意すべき点は
> 売上高や限界利益の計画を作成するにあたって，注意すべきことを挙げよ。

売上高と限界利益の計画を作成するために注意すべきことは，投資計画や借入金の返済計画など，会社の将来構想と整合しているかということだ。

さらに，行動計画と連動していることも重要だ。売上高や限界利益を獲得するためには，それに合った行動が伴っていないと空理空論になる。

利益計画を達成するための行動はどうすればよいか，その行動によってどれだけの売上高と限界利益を獲得することができるのかを常に考えながら，計画を作成する必要がある。

表2-12はC建設会社の売上高と限界利益の計画だ。併せて，売上高と限界利益の計画を定めた根拠と行動計画との関係をみていこう。

まずは商品を列挙する。C建設会社の商品は土木工事，建築工事，小規模工事，不動産収入である。不動産収入とは，自社開発した賃貸住宅からの家賃収

表2-12●売上高と限界利益の計画

項目	前期の実績			項目	今期の見込み
	売上高①	限界利益率②	限界利益額①×②		売上高①
土木工事	1,000,456	13.6	136,062	土木工事	900,000
建築工事	929,564	8.4	78,161	建築工事	765,000
小規模工事	117,543	16.3	19,160	小規模工事	91,000
不動産収入	40,000	95.0	38,000	不動産収入	44,000
合計	2,087,563	13.0	271,383	合計	1,800,000

(注)限界利益率は小数点第2位を四捨五入して表示している

入のことだ。これらの商品は，獲得できる限界利益率がそれぞれ異なる。
　前期の実績と今期の見込みから，来期の売上高と限界利益の計画をそれぞれ立案する。

土木工事
　土木工事は公共工事が主体なので大きな増加は見込めないが，品質の高い工事を施工することで発注者の高評価を得て特命工事を増やし，売上高は今期の9億円から来期は9億6000万円と微増。さらに，原価低減策を進めることで，限界利益率は12.5％から14.1％に増加すると見込んでいる。
　→行動計画において，品質向上の施策と限界利益率の向上策を立案することが必要。

建築工事
　民間工事が主体なので，積極的な営業を実施し，売上高は7億6500万円から9億5000万円と1億8500万円の増加。土木工事と同様に原価低減策を進めることで，限界利益率は8％から9.8％へと1.8％のアップを見込む。
　→行動計画において，販売促進の施策と限界利益率の向上策を立案することが必要。

小規模工事
　住宅リフォームや工場改修などの小規模工事は特命受注が多く，限界利益率は高い。現場営業を進めることで，売上高は9100万円から1億5000万円へ

(単位:千円, 利益率は％)

限界利益率②	限界利益額①×②	項目	来期の計画		
			売上高①	限界利益率②	限界利益額①×②
12.5	112,140	土木工事	960,000	14.1	135,350
8.0	61,200	建築工事	950,000	9.8	93,566
16.3	14,860	小規模工事	150,000	18.1	27,084
95.0	41,800	不動産収入	40,000	95.0	38,000
12.8	230,000	合計	2,100,000	14.0	294,000

と大幅アップを見込む。限界利益率は，今期より1.8％増やして18.1％にした。
　→行動計画において，小規模工事を受注するための現場営業の推進施策を立案することが必要。

不動産収入

C建設会社が自社開発した賃貸住宅からの家賃収入。限界利益率は95％と高い。しかし，年がたつごとに空室率が上がり，今期の4400万円の売上高から減少し，4000万円を見込む。
　→行動計画において，賃貸住宅の空室率を減らす施策を立案することが必要。

人件費を計画

売上高と限界利益率に続いて，人件費の計画について解説する。

> **演習　人件費の計画時に注意する点は**
> 人件費の計画を作成するにあたって，注意すべきことを挙げよ。

人件費の適正な計画を立案するにあたっては，地域の人件費相場を意識するとともに，労働分配率を基に検討を進めることが大切だ。労働分配率とは，第1章で解説した限界利益・人件費倍率の逆数で次のように算出する。

労働分配率＝人件費÷限界利益

社員が稼ぎ出した限界利益に占める人件費の割合である。社員全員が，給料の3倍の限界利益を稼ぐ「人財」であれば，労働分配率は33％になる。実際には非現業部門の人件費がかかるので，労働分配率の目安は50％である。

ここで，C建設会社の今期の労働分配率を求めてみよう。今期の限界利益は**表2-12**から2億3000万円，今期の人件費の合計は，**表2-13**から1億3662万円なので，労働分配率は次のようになる。

労働分配率＝1億3662万円÷2億3000万円×100＝59.4％となり、目安である50％より高い。

来期の限界利益は**表2-12**から2億9400万円である。労働分配率として45％を設定し、人件費を計画した結果、以下のようになった（**表2-13**）。

来期の人件費＝2億9400万円×45.0％＝1億3230万円

表2-13●人件費の計画   (単位：千円)

		前期の実績		今期の見込み		来期の計画	
		金額	社員数	金額	社員数	金額	社員数
変動費における人件費①*		0	0	0	0	0	0
固定費に占める人件費②	役員報酬	24,000	3	24,000	3	21,000	3
	給料手当	90,346	25	79,000	23	77,000	22
	賞与	23,967		18,000		20,000	
	雑給	500		450		300	
	退職金	2,000		1,500		1,000	
	法定福利費	14,065		12,669		12,054	
	福利厚生費	1,200		1,000		1,000	
	社員数の合計		28		26		25
	固定費に占める人件費の合計	156,078		136,619		132,354	
人件費の合計　①+②		156,078		136,619		132,354	

＊直庸作業員など

人件費以外の固定費を計画する

人件費の計画に続いて、それ以外の固定費についても考える必要がある。

> **演習** 人件費以外の固定費で注意すべき点は
> 人件費以外の固定費について計画するにあたって、注意すべき点を挙げよ。

人件費以外の固定費を計画する際に注意すべき点は、年度の経営方針や行動計画との整合性である。方針に沿って投資しているのかどうか、方針に沿っていない経費は徹底して削減しているかを確認することが重要だ。

人件費以外の固定費は、販売費と一般管理費とに分けられる。販売費とは売り上げを伸ばすためにかける費用、一般管理費とは組織の管理費用だ。

来期の年度方針に立てた後は、これに沿った固定費の計画を立案する。
①小規模工事の施工力を向上。
②民間営業力を強化。
③計画的な人材育成を推進。

表2-14に人件費以外の固定費の計画を記載した。

「小規模工事の施工力を向上」と「民間営業力を強化」が年度の方針であるので、以下の施策を予算化した。
・広告宣伝費＝今期の283万円を来期は500万円に大幅増加

表2-14●人件費以外の固定費の計画 (単位：千円)

		前期の実績		今期の見込み		来期の計画	
		金額	比率	金額	比率	金額	比率
販売費	広告宣伝費	2,510	4.0%	2,830	4.6%	5,000	9.0%
	通信費	1,340	2.2%	1,332	2.2%	1,335	2.4%
	荷造運賃	6,956	11.2%	6,701	10.9%	6,500	11.7%
	旅費交通費	3,022	4.9%	3,001	4.9%	3,000	5.4%
	接待交際費	8,270	13.3%	8,000	13.0%	8,200	14.7%
	その他販売費	4,061	6.6%	3,879	6.3%	3,000	5.4%
	合計	26,159	42.2%	25,743	41.9%	27,035	48.6%
一般管理費	事務用品費	6,708	10.8%	6,109	10.0%	4,500	8.1%
	消耗品費	897	1.4%	930	1.5%	700	1.3%
	地代家賃	5,189	8.4%	4,487	7.3%	3,000	5.4%
	水道光熱費	2,567	4.1%	2,234	3.6%	1,500	2.7%
	保険料	8,056	13.0%	7,900	12.9%	4,500	8.1%
	会議費	456	0.7%	489	0.8%	500	0.9%
	教育研修費	2,065	3.3%	3,200	5.2%	5,000	9.0%
	その他管理費	4,890	7.9%	5,279	8.6%	3,911	7.0%
	合計	30,828	49.7%	30,628	49.9%	23,611	42.4%
減価償却費		5,005	8.1%	5,010	8.2%	5,000	9.0%
合計		61,992	100%	61,381	100%	55,646	100%

- 通信費や旅費交通費＝今期の433万円（133万円＋300万円）を来期は434万円（134万円＋300万円）と微増
- 接待交際費＝今期の800万円を820万円に微増

さらに「計画的な人材育成を推進」という年度方針を踏まえ，教育研修費を以下のように定めた。
- 教育研修費＝今期の320万円を500万円に大幅増加

その他については，販売費も一般管理費も減額とした。

方針が見える損益計算書に

D社長「ここまで来ると来期の事業の様子が見えてくるようだ」。

部長「そうですね。利益計画を立てただけで，達成できるような気持ちになってきました」。

D社長「売上高の計画，変動費の計画，固定費の計画を一つに取りまとめると，損益計算書となって利益計画は完成だ」。

部長「一つひとつ積み上げると，できるものですね。方針が形になったように感じます」。

D社長「利益計画が完成したら，あとは実践あるのみだぞ」。

部長「行動計画に記載したことを全社員で実践すれば，目標を達成できるはずです」。

ここまで検討してきた売上高や変動費，固定費のそれぞれの計画を基にして利益計画（損益計算書）を作成する（**表2-15**）。

利益計画というのは，利益をいくら残すかという計画ではなく，何に投資するのかという計画である。利益計画（損益計算書）を見ると，今期は何に投資し，何を削減するのかが見えるようになる。

そして，絶えず見直すことも重要だ。これで良いのか，ほかに方法はないのかと自問自答を繰り返し，より現実的でかつ理想を確実に達成できる利益計画を立案する必要がある。

表2-15●利益計画(損益計算書) (単位:千円)

		前期の実績		今期の見込み		来期の計画	
売上高	土木工事	1,000,456	47.9%	900,000	50.0%	960,000	45.7%
	建築工事	929,564	44.5%	765,000	42.5%	950,000	45.2%
	小規模工事	117,543	5.6%	91,000	5.1%	150,000	7.1%
	不動産収入	40,000	1.9%	44,000	2.4%	40,000	1.9%
	売上高計	2,087,563	100.0%	1,800,000	100.0%	2,100,000	100.0%
変動費	土木工事	864,394	41.4%	787,860	43.8%	824,650	39.3%
	建築工事	851,403	40.8%	703,800	39.1%	856,435	40.8%
	小規模工事	98,383	4.7%	76,140	4.2%	122,916	5.9%
	不動産収入	2,000	0.1%	2,200	0.1%	2,000	0.1%
	変動費計	1,816,180	87.0%	1,570,000	87.2%	1,806,000	86.0%
限界利益	土木工事	136,062	6.5%	112,140	6.2%	135,350	6.4%
	建築工事	78,161	3.7%	61,200	3.4%	93,566	4.5%
	小規模工事	19,160	0.9%	14,860	0.8%	27,084	1.3%
	不動産収入	38,000	1.8%	41,800	2.3%	38,000	1.8%
	限界利益計	271,383	13.0%	230,000	12.8%	294,000	14.0%
固定費	人件費	156,078	7.5%	136,619	7.6%	132,354	6.3%
	販売費	26,159	1.3%	25,743	1.4%	27,035	1.3%
	一般管理費	30,828	1.5%	30,628	1.7%	23,611	1.1%
	減価償却費	5,005	0.2%	5,010	0.3%	5,000	0.2%
	小計	218,070	10.4%	198,000	11.0%	188,000	9.0%
	営業外収益	0	0.0%	0	0.0%	0	0.0%
	営業外費用	2,000	0.1%	2,000	0.1%	2,000	0.1%
	固定費計	220,070	10.5%	200,000	11.1%	190,000	9.0%
経常利益		51,313	2.5%	30,000	1.7%	104,000	5.0%
社員数			28人		26人		25人

まとめ

利益計画を立案する際はその根拠を明確に

・売上高や限界利益の計画は,投資計画や借入金の返済計画などとともに,行動計画との連動性を確認せよ
・人件費の計画は相場とともに労働分配率を考慮せよ
・人件費以外の固定費の計画は経営方針との整合性を確認せよ

コラム　恥と罪

ルース・ベネディクト著の「菊と刀」には次のような文章がある。

「日本文化の根底をなすものは『恥』であり、西欧文化の根底にあるものは『罪』である」。

このように日本人は「恥」を重んじてきた民族だ。私たちは子供のころ、母親から「そういうことをすると、人に笑われますよ」ということを言われてきた。

しかし、昨今の母親は「そういうことをすると、誰かさんにしかられるわよ」という言い方を好んでするようだ。

最近の母親は、笑われて恥ずかしいというよりも、他人にしかられるとか、お巡りさんに捕まるといったことの方に関心があるのだ。

恥ずかしい(恥)という「自律的」でなく、しかられる(罪)という「他律的」な方向に偏りすぎているようだ。

これは子育てだけでなく、モノづくりの現場でもいえることだ。
「こんなモノをつくると恥ずかしい」というよりも「こんなモノをつくるとクレームになる」が、判断基準になってきているように感じる。

品質管理では、製品や仕事のやり方に明確な基準を作って、その基準と比較して合格や不合格、適合や不適合を判断しなければならない。

しかし、その根底に「恥」という概念がないと、このルールが形骸化して「他律的」になってしまう。

ルールがあるからとか、顧客からクレームが寄せられるからという「他律的」な判断基準ではなく、こんな仕事をすると恥ずかしいという「自律的」な判断基準で日々の行動をしたいものだ。

第3章

現場で行う原価管理

1. 現場のマネジメントサイクルとは
2. 効果的な実行予算書の作成手法
3. 実行予算通りに施工するために
4. 月次決算の手法と実際
5. 工事の精算結果から何を学ぶか
6. 工事終了後も原価をチェック

1 現場のマネジメントサイクルとは

B君「上司とうまくいかなくて困っているんだ」。
A君「どういう上司なんだい？」。
B君「二言目には『おれの言うことを聞いていればいいんだ』と話し，言った通りにしないとすぐに怒るんだ」。
A君「それでは，自主的に仕事をしようとは思わないね。僕の上司は僕に自由に仕事をさせてくれていて，必要なときにはしっかりとサポートをしてくれるよ」。
B君「それはうらやましいな。上司によって部下への接し方が違うのはなぜなんだろう」。

コントロールとマネジメントの違い

　管理とは，PDCAサイクルを回すことだと第2章の1で述べた。ここでは，さらに管理の手法について詳しく考えてみよう。

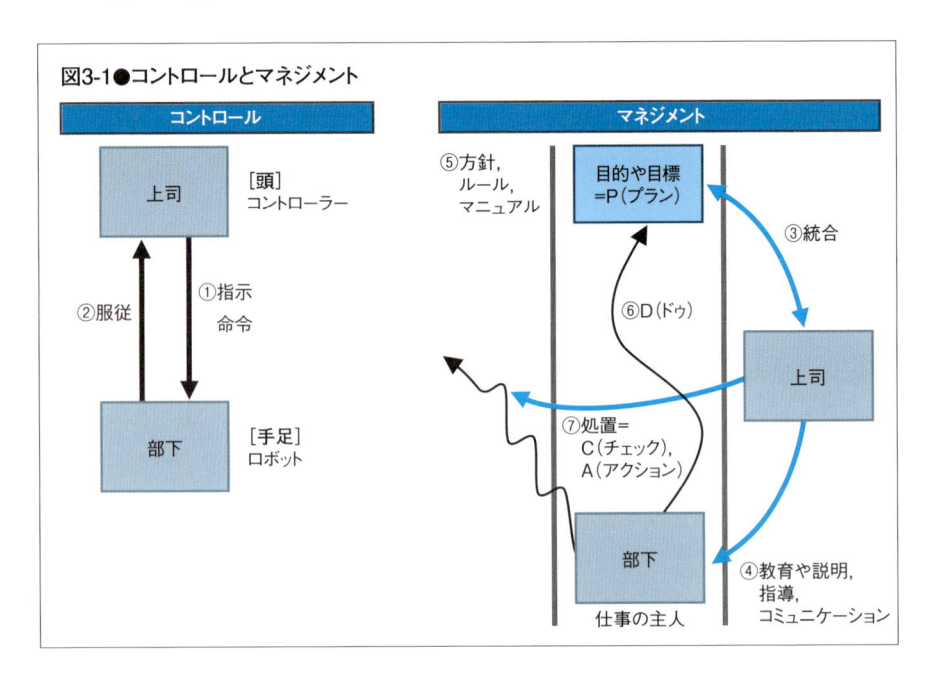

図3-1●コントロールとマネジメント

コントロール
- 上司［頭］コントローラー
- ①指示・命令
- ②服従
- 部下［手足］ロボット

マネジメント
- ⑤方針，ルール，マニュアル
- 目的や目標＝P（プラン）
- ③統合
- ⑥D（ドゥ）
- 上司
- ⑦処置＝C（チェック），A（アクション）
- ④教育や説明，指導，コミュニケーション
- 部下（仕事の主人）

図3-1の左側を見てほしい。上司が部下に①指示や命令を出し，部下はそれに盲目的に②服従するという形だ。上司がコントローラーを持ち，部下はそのコントローラーに従って動くロボットのようなものだ。この状態が続くと，部下は考えることがなくなり，上司の言う通りの行動しかとらない。上司が頭で，部下が手足となるのだ。

この形は，部下の能力が低い場合や緊急事態の発生時など，上司の強いリーダーシップが必要なときには効果的だ。しかし，部下の能力が高く，平常時であれば，部下が自主的に動くことがなくなり，結果として組織の効率は低下する。この上司の行動パターンを「コントロール」という。

一方，**図3-1**の右側を見てほしい。上司は，部下と共に目的や目標を設定する。これがPDCAサイクルのP（プラン）に当たる。目的などは，上司の方針や考え方と③統合していなければならない。

次にこの目的や目標を部下に④教育，説明，指導する。さらに，それを実施する際の⑤方針やルール，マニュアルも説明する。これは図で示した縦の灰色の2本線だ。その際，部下とコミュニケーションをとりながら，しっかりと理解させることが必要だ。目的や目標を認識し，方針やルール，マニュアルの説明を受けた部下は，目的や目標に向かって，方針やルール，マニュアルの範囲内で仕事をする。これがPDCAサイクルの⑥D（ドゥ）である。

上司は，部下が方針やルール，マニュアルの範囲内で仕事をしているかどうかを確認しておかなければならない。これはPDCAのC（チェック）だ。この範囲内であれば，上司は部下の自主性に任せ，指示や命令などはしない。しかし，方針やルール，マニュアルから逸脱していることがわかれば，⑦処置を施し，2本線の内側に引き戻す。これがPDCAサイクルのA（アクション）だ。この一連の上司の行動パターンを，「マネジメント」という。

これが，コントロールとマネジメントの違いだ。ここで，マネジメントにおける2本線（方針，ルール，マニュアル）の間隔に着目してほしい。ほどよい間

隔であればいいのだが，広すぎると部下を放任していることになり，目的や目標に到達する効率が悪くなる。

一方，狭すぎると部下の自主性を束縛し，究極のところ2本線が1本線になり，コントロールと同じことになる。したがって，マネジメントにおける上司の重要な役割は，適切なレベルの目的や目標を設定することに加え，その目的や目標に合った適切な方針やルール，マニュアルを定めることにある。

X理論とY理論

B君「なるほど，僕の上司は僕をコントロールしようとしたんだね。マネジメントをしてほしかったな」。

A君「上司がB君をコントロールしたのは，上司に責任があるのかもしれないけれど，B君にも原因があると思うよ。B君が仕事を好きで前向きなら，上司は厳しく接しないんじゃないかな」。

ここまでは，マネジメントにおける上司の役割が大きいことを説明してきたが，部下の役割も小さくない。ここで，X理論とY理論という考え方を紹介しよう。

X理論とは以下のような考え方だ。
①普通の人間は生来，仕事が嫌いで，できることなら仕事はしたくないと思っている。
②大抵の人間は，強制されたり命令されたりしなければ，十分な力を出さない。
③普通の人間は，責任を回避したがり，なによりもまずは安全を望んでいる。

これに対してY理論とは，以下のような考え方だ。
①仕事で心身を使うのはごく当たり前のことであり，遊びの場合と変わりはない。
②人は，自分が進んで身を委ねた目標のためには，自ら自分にむち打って働く。

③普通の人間は，条件次第で責任を引き受けるばかりか，進んで責任をとろうとする。

実際には，X理論の人とY理論の人とを完全に分けることはできず，すべての人がこの両面を持っている。どちらの傾向が強いか弱いかというだけだ。上司は，部下がどちらの傾向が強いのかを見極め，それに合わせてコントロールとマネジメントとを使い分けなければいけない。

良い現場をつくる現場代理人の条件

A君「マネジメントについて，わかったかい」。

B君「わかったよ。僕は，現場では管理者の立場で，協力会社の方々を管理しないといけない。したがって，コントロールではなく，マネジメントするよう注意するよ」。

A君「現場には重要な五つの管理項目がある。これをまとめて，現場管理とか施工管理という。この内容を知っているかい」。

B君「品質管理や工程管理のことだね。でも五つもあるのかなあ」。

演習　現場で実施すべき五つの管理項目とは

現場代理人が工事現場で実施しなければならない五つの管理項目を述べ，管理手段であるPDCAの各段階においてそれぞれ何をすべきなのかを記述せよ。

表3-1●五つの管理項目とは

	[ ]管理	[ ]管理	[ ]管理	[ ]管理	[ ]管理
P(計画)					
D(実施)					
C(点検,確認)					
A(反省,改善)					

五つの管理項目とは，**品質管理**（クオリティー，Q），**原価管理**（コスト，C），**工程管理**（デリバリー，D），**安全管理**（セーフティー，S），**環境管理**（エコロ

ジー，E）を指す。良いものを（品質），安く（原価），早く（工程），安全に，環境にやさしく施工する必要があるのだ。

現場代理人は，この五つの管理項目について，四つの管理手段であるP（計画），D（実施），C（点検），A（改善）を実践することでマネジメントサイクルを回さなければならない。つまり，これら5×4＝20項目の内容について，正確に理解して実践することで，「良い現場」をつくることができるといえる。

これら20の項目の中には，自分が得手の項目と不得手の項目とがあることだろう。まずは，自分自身の得手，不得手を知ることが大切だ。そして，不得手の項目を克服すべく勉強し，経験を積むことで一流の現場代理人となることができる。

表3-2●五つの管理項目と四つの管理手段

	Q（品質管理）	C（原価管理）	D（工程管理）	S（安全管理）	E（環境管理）
P（計画）	・建設業法 ・建築基準法 ・設計図 ・施工図 ・仕様書 ・施工計画書	・社内原価ルール ・積算書 ・見積書 ・実行予算書	・工程表（全体と月間，週間）	・労働安全衛生法や規則 ・安全衛生管理計画書（全体と月間） ・仮設計画	・環境関連の法規 ・環境管理計画書 ・資材の再生計画 ・廃棄物の処理計画書
D（実施）	・社員や協力会社に対する教育や指導 ・VE提案	・支払い ・請求	・工程間の調整	・雇い入れ時や新規入場時の教育 ・安全衛生委員会	・社員や協力会社に対する教育や指導
C（点検，確認）	・検査 ・試験	・月次決算 ・工事精算	・日次や週次，月次の進ちょく管理	・安全衛生パトロール	・進ちょく確認
A（反省，改善）	・不良品発生時の是正や予防処置	・月次には当該工事の改善 ・精算時には次の工事のための改善	・進ちょくの遅れや進みが出たときの是正や予防処置	・安全衛生パトロールでの指摘事項 ・ヒヤリハット ・事故発生時の是正や予防処置	・環境問題発生時の是正や予防処置

```
図3-2●現場における原価のPDCA

    P 実行予算
    D 予算執行
    C 月次決算 工事精算
    A 現場改善
```

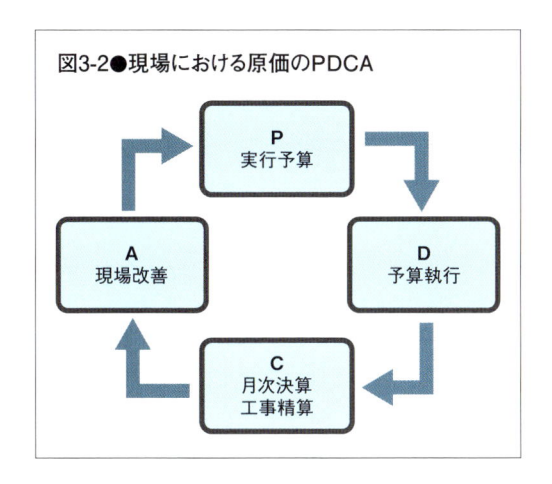

原価に関するマネジメント

A君「それでは次に,現場の原価に関するマネジメントについて,さらに考えてみよう」。

B君「現場で行う原価管理だね」。

A君「そうだよ。現場についてもマネジメントすることで,活気に満ちた現場になるだけでなく,原価目標を達成して利益を生む現場をつくることもできるんだ」。

以下では,原価に関するマネジメントについて説明しよう。

まず,原価における目標として実行予算を作成する。実行予算とは,この原価で必ず施工するという決意に満ちたものだ。

その際,以下のようなことを考慮して作成する。

(1) 請負金額に対する利益率の目標

工事ごとの請負金額に対する利益率の目標(例えば15～25%)を達成するよう実行予算を立てる。

(2) 過去の工事における原価の実績

過去の同種工事における原価の実績をみながら,さらに改善するような実行予算を立てる。

（3）会社全体の利益額の達成状況

会社全体の粗利益目標額を達成するために，あといくらの粗利益が必要かを知り，当該案件に対する会社の要求を満たすように実行予算を作成する。

次に，実行予算に沿って予算を執行する。具体的には次のようなことを行う。

（1）協力会社への発注

実行予算の範囲内で発注することができるように，協力会社を検索して見積もりを取り，交渉の成立後，発注する。

（2）社員の稼動予定を把握

協力会社に発注せず，自社の社員で施工する場合は，社員の稼働予定を立てて，無駄のないように手配する。

（3）入金と支払いを考慮

発注者からの入金日を考慮しながら，協力会社への支払日を決定する。入金よりも支払いの方が先になる場合は，資金の調達について考慮する。

（4）環境づくり

ともに工事を進める仲間に対して，実行予算を説明し，共通の原価目標を持って仕事を実施することができる環境をつくる。

予算の執行に続いて行うのは，点検（チェック）だ。

チェックには，工事途中の月次決算段階と工事終了後の工事精算段階とがある。月次決算の段階では当該工事の改善につなげ，工事の精算段階では次なる工事の改善につなげることが目的だ。

最後は，改善（アクション）だ。

工事の途中で，実行予算通りに施工ができている場合は，さらに利益を出すための施策を検討する。実行予算が守れていない場合には，なんとかして予算を死守するようその後の工事原価を見直す。

工事の終了時で実行予算通りに施工ができた場合には，うまくいった原因を分析する。実行予算通りに施工ができなかった場合には，再発防止処置を検

討する。いずれも，今後の工事に反映させる。

B君「原価管理で行うべきことはわかったけれど，なかなかうまく実践できなくて困っているんだよ」。

A君「わかっていることと，できることとは違うからね。でも，まずは原価に関してすべきことを正確に理解して，それを一つひとつ実施するしか方法はないよ」。

B君「それはわかっているけれど，どうしても時間がかかってしまうんだ。発注者からは品質管理や工程管理に対する要求が厳しく，会社からは安全管理を強く求められる。だから，どうしても原価管理は後回しになってしまうんだ」。

A君「最初はなんでも大変だけれど，習慣にすることが大切だね。だれでも最初は新しいことに抵抗を感じるものだよ。だけど慣れれば，やらないと気持ちが悪くなるものさ。習慣になるまでやり続けようよ」。

原価管理は，後回しになってしまうことが多い。しかし，利益を出すことは会社を運営し，継続するためには不可欠なことだ。さらに，会社を継続させることで顧客満足を満たすこともできる。強い意志を持って，原価管理を進めていきたいものだ。

まとめ

PDCAを原価管理に生かす
・コントロールとマネジメントの違いを理解しよう
・QCDSEの五つの管理項目に対して，PDCAの四つの管理手段を使いこなそう
・原価管理とは何をすることかを，しっかりと理解しよう

コラム　手順書は社員を縛るものなのか

ある大手住宅会社の話だ。
その会社は、他の会社に比べて社員の定着率が高いという。理由はいくつかあるが、その一つに手順書の存在がある。

新卒で入社して営業職に配属されると、まずは「営業マニュアル」の勉強会がある。顧客との接し方や提案の出し方、見積もりの作成方法などを学ぶ。そして、実際の現場に出て、マニュアル通りに営業すると受注できるというのだ。

結果、入社早々にそれなりの給料を得ることもできる。そのことに対する会社への感謝の気持ちが強いので、途中で退職する社員が少ないという。このことは、技術職についても同様だという。

一方、中小企業に勤務する人たちからよく聞かれる声は、「手順書があると仕事のやり方が束縛され、窮屈になる」というものだ。さらに「建設業は工事ごと、顧客ごとにやり方が異なるので、統一したルールを決めることはできない」という声もある。
つまり、手順書は社員を縛るためにあり、手順を決めたからといってうまくいくとは限らないという指摘だ。

しかし、82ページの**図3-1**のように、方針やルール、マニュアルなどの手順書は、基本を押さえながら社員の自主性を高めるためにある。手順書がないと、部下は常に上司のコントロール下に置かれ、かえって窮屈になる。
大切なことは、**図3-1**で描いた2本の線の間隔だ。狭すぎるとコントロールになるし、広すぎると放任となって、結果として仕事をうまく進めることができない。

標準化すべきことと標準化すべきでないこととを認識しながら、手順を定めることで、社員満足度や顧客満足度が向上し、企業の継続性を高められるということを認識すべきだ。

2 効果的な実行予算書の作成手法

B君「今月も，お金がなくなってしまったよ。ぜいたくしていないし，出費には気をつけているのに，なぜお金が残らないのだろう」。
A君「B君は計画的にお金を使わないから，お金が残らないんだよ」。
B君「計画的に使う？」。
A君「今月に使うお金をあらかじめ決めておくのさ。そうしないと，衝動的にお金を使ってしまうこともあるだろう」。
B君「そういえば，先月デパートに行ったらバーゲンをやっていたんだ。どうしても欲しくなって，シャツを買ってしまったよ」。
A君「そういうのを衝動買いと言うんだ。いくらバーゲンで安く買えたとしても，いいことではないよ。『本当に欲しいもの』が買えなくなる恐れがあるからね」。
B君「『本当に欲しいもの』って？」。

　勉強熱心なA君と原価についてあまり詳しくないB君とが，計画的にお金を使うことの大切さを話している。以下では，なぜ計画が必要なのか，そして計画を形にした予算書をどのようにして作成すればよいのかを考えてみよう。

「本当に欲しいもの」を手に入れるために

A君「B君の『本当に欲しいもの』って何」。
B君「そうだなあ，やはり持ち家だね」。
A君「どれくらいの費用が必要なんだい」。
B君「少なくても頭金で600万円はいるだろうね」。
A君「では，いつ家を持つつもりなの？」。
B君「5年後には，持ちたいと思っているんだ。でも，ちっともお金がたまらないんだよ」。
A君「600万円を5年間でためようと思ったら，1年間で120万円の貯金が必要だね。1カ月当たりでは，120万円を12カ月で割って，毎月10万円を貯金しないといけないよ」。

図3-3 ● 家庭における原価管理

夢を実現するために貯金が必要

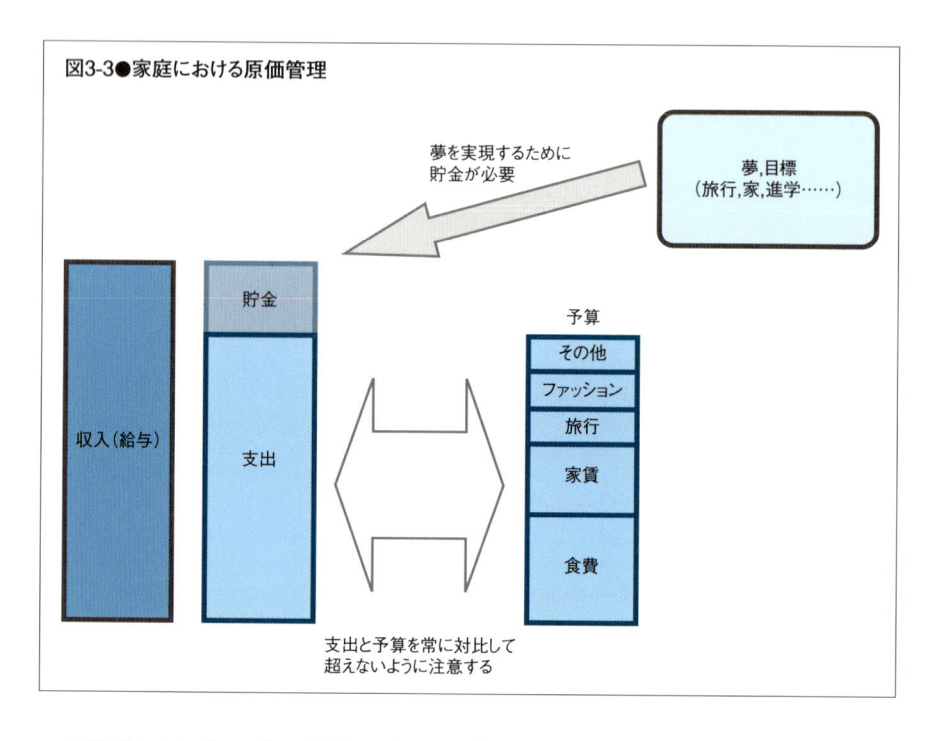

夢、目標（旅行、家、進学……）

収入（給与） / 支出（貯金）

予算：その他、ファッション、旅行、家賃、食費

支出と予算を常に対比して超えないように注意する

B君「なるほど。僕の給料は手取りで毎月30万円なので、1カ月20万円で生活しないといけないということだね」。

A君「毎月の20万円を、どのように使うかを決めることが『予算を決める』ということだよ。例えば食費や家賃、旅行や娯楽、衣服などにいくら使うのかを決めておくと、無駄遣いがなくなるよ。だれでも欲しいものを手に入れたいからね（**図3-3**）」。

A君とB君は家計のことを話しているが、会社においても同じことがいえる。**図3-4**のように、会社の夢を実現するのに必要なお金を蓄えるために、工事粗利益が必要なのだ。会社の夢とは、社屋の新設や新規事業への進出、社員の待遇改善などだ。それらに必要な粗利益を計上するために、あらかじめ費用の使い道を決めたものを「実行予算書」という。

実行予算書は会社、そして社員が「本当に欲しいもの」、つまり夢を実現するために作成するのである。

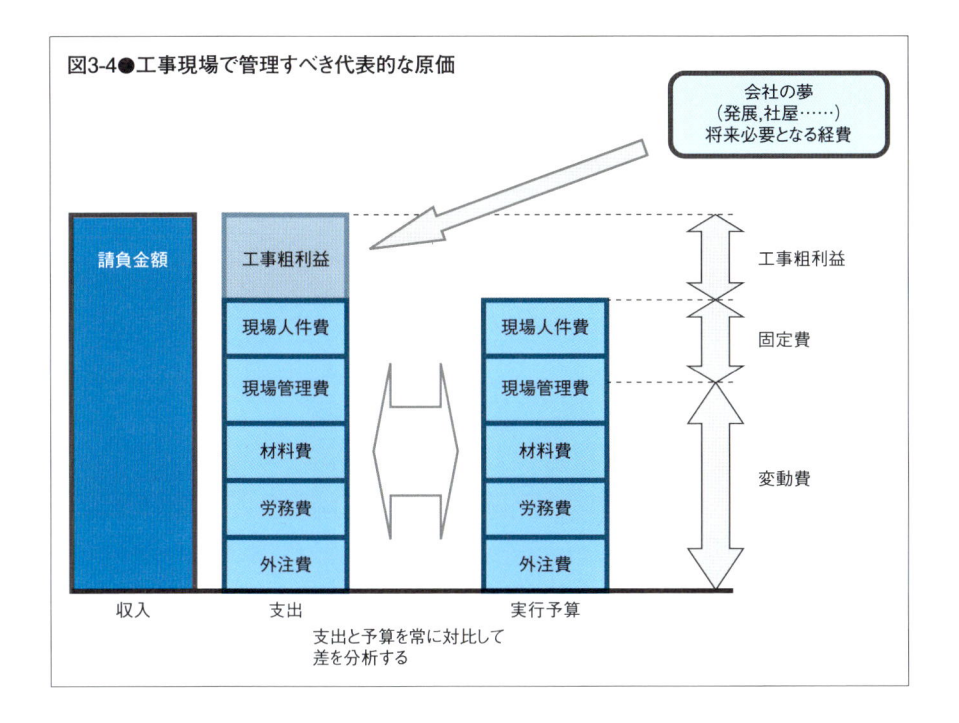

3-2 効果的な実行予算書の作成手法

図3-4●工事現場で管理すべき代表的な原価

請負金額	工事粗利益	工事粗利益
	現場人件費 / 現場管理費	固定費
	材料費 / 労務費 / 外注費	変動費
収入	支出	実行予算

会社の夢（発展,社屋……）将来必要となる経費

支出と予算を常に対比して差を分析する

実行予算は宣誓書

　A君とB君は，会社の工事原価の話を始めた。実行予算書を作成したことのないB君に，A君が作成方法を説明している。

　B君「予算を作る必要性はわかったけれど，いったいどのようにして作ればいいの」。
　A君「予算項目は，決まっているんだ。顧客に直接引き渡す構造物を造るのにかかる直接工事費，安全設備や足場，仮設通路など間接的に必要になる間接工事費，現場担当者の給与や事務費などの現場経費に分けて作成するのが一般的だよ（**図3-5**）。さらに，それらを材料費や労務費，外注費，機械費にそれぞれ分けるんだ」。

　B君「難しそうだね」。
　A君「このように項目が決まっているので，慣れればかえって楽に作れるよ。さらに，それを会社で決められた書式に書いたものが実行予算書とい

図3-5 ● 実行予算の内容

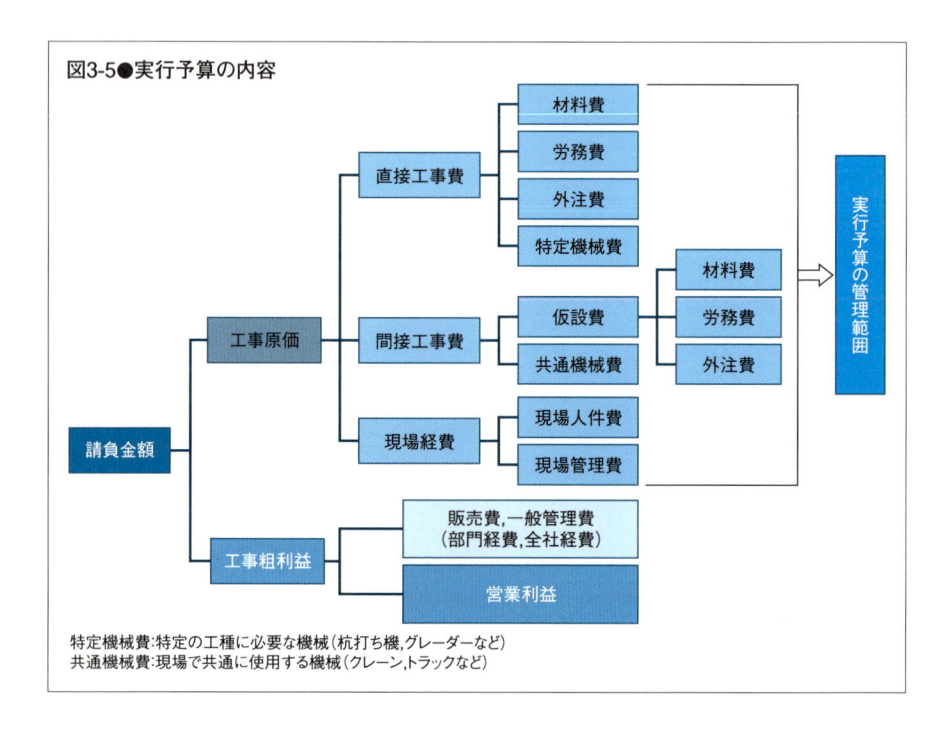

```
請負金額 ─┬─ 工事原価 ─┬─ 直接工事費 ─┬─ 材料費
         │             │              ├─ 労務費
         │             │              ├─ 外注費
         │             │              └─ 特定機械費
         │             ├─ 間接工事費 ─┬─ 仮設費 ─┬─ 材料費
         │             │              │          ├─ 労務費
         │             │              │          └─ 外注費
         │             │              └─ 共通機械費
         │             └─ 現場経費 ─┬─ 現場人件費
         │                           └─ 現場管理費
         └─ 工事粗利益 ─┬─ 販売費,一般管理費
                        │   (部門経費,全社経費)
                        └─ 営業利益
```

（直接工事費・間接工事費・現場経費が実行予算の管理範囲）

特定機械費:特定の工種に必要な機械(杭打ち機,グレーダーなど)
共通機械費:現場で共通に使用する機械(クレーン,トラックなど)

うんだ（**図3-6**）」。

　建設業の決算の項目は，建設業法で定められているので，その項目に沿って実行予算書を作成する。大切なことは，実行予算書とは，「これだけの費用で工事を完成させる」という現場代理人の宣誓書であるということだ。「これくらいならできそうだ」などという中途半端な考えで作成してはいけない。

良い予算書と悪い予算書

　ようやくB君も，実行予算書というものがわかりかけたようだ。

B君「社長がいつも『段取り八分』っていうけれど，工事原価についても，準備が大切ということだね」。
A君「そうなんだ。いかに緻密（ちみつ）に予算を立てているかによって，無駄なお金を使わずに，かつ良い工事をすることができるんだ」。
B君「ところで，社長がよく『こんな実行予算書ではダメだ』と言っているけれ

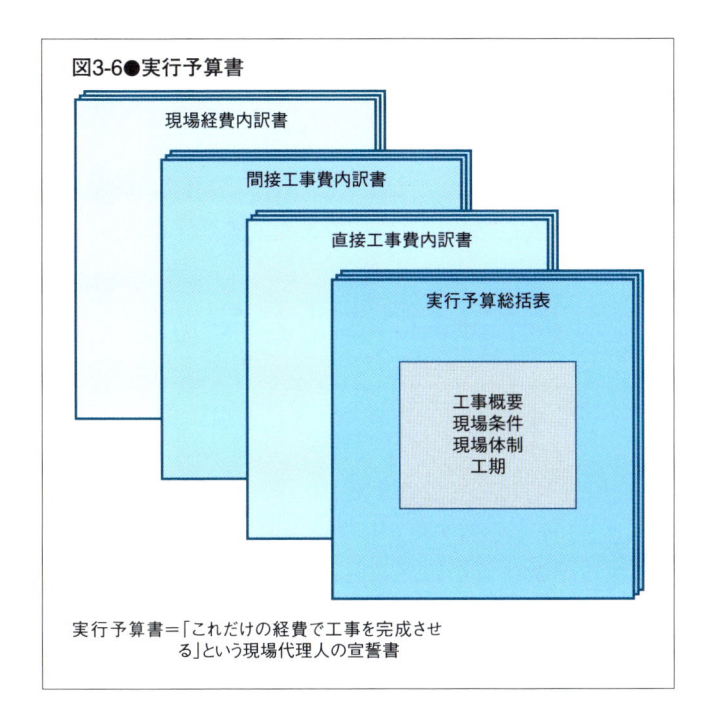

3-2 効果的な実行予算書の作成手法

図3-6●実行予算書

現場経費内訳書
間接工事費内訳書
直接工事費内訳書
実行予算総括表
　　工事概要
　　現場条件
　　現場体制
　　工期

実行予算書=「これだけの経費で工事を完成させる」という現場代理人の宣誓書

ど，どんな実行予算書が良くて，どんな実行予算書がダメなんだろう」。

A君とB君は，実行予算書の内容について議論を始めた。以下の演習を基に考えてみよう。

演習　この実行予算書に指摘するとしたら

下の**表3-3**は，ある工事の実行予算書である。あなたは工事部長として，現場代理人が作成したこの実行予算書を見て何を指摘するか。原価低減の観点で，指摘のポイントを示せ。

表3-3●実行予算書の事例

	項目	内容	数量	単位	単価	金額
材料費	鉄筋	D19以上	35	t	75,000	2,625,000
労務費	普通作業員	—	5.3	人	13,000	68,900
外注費	型枠工	基礎工	34	m²	2,500	85,000
	水替工	—	1	式	—	70,000
現場経費	工事写真	—	4	月	20,000	80,000

以下に，原価低減するうえでの指摘のポイントを列挙する。

ポイント①材料費とロス率

まずは材料費について。実行予算書の数量は，設計数量とは異なる。設計数量にロス率を見込んだものが，実行予算書の数量だ。この事例では，鉄筋の数量「35t」には，どの程度のロス率を見込んでいるのか。その根拠を明確にしないといけない。

ポイント②労務費の人工数

労務費の人工（にんく）数は，「積算基準」の数量とは異なる。「積算基準」は，標準的な工事についての歩掛かりを定めたものだ。一方，実行予算書は当該工事で実際にどの程度の人工数が必要かを示したものだ。だから，基本的には整数となる。したがって，この事例のように「5.3人」というのは，現場での配置をどのように考えているかを問いただす必要がある。

ポイント③外注単価の妥当性

外注費は，協力会社からの見積もりを基に実行予算書に記載することが多い。その場合でも，単価の妥当性を検討しなければならない。この事例では，型枠工の単価を2500円としているが，この単価の内訳について検討する必要がある。例えば，
・大工は何人のチームで，何日作業する予定なのか
・型枠材は，何回転用するのか
・必要な機械は何で，何日間必要なのか
これらを明確にしないまま協力会社と交渉しても，「押し問答」にしかならない。

ポイント④数量×単価

一式計上は，基本的には禁止すべきである。その根拠が不明確だからだ。すべての予算は「数量×単価」で表現しなければいけない。94ページで，「実行予算書とは『これだけの費用で工事を完成させる』という現場代理人の宣誓書」と述べたが，宣誓書である限り，不明確な部分は排除しなければならない。

ポイント⑤　1カ月当たりの経費

1カ月当たりの費用をきちんと算出できるのは，電気代や電話代の基本料金，機械のリース代などのように，1カ月当たりの費用が一定であるものだけだ。この事例のように，工事写真費などを1カ月当たりで算出することは，原価低減の観点では避けなければならない。

原価低減はくぎ1本から

改めて，A君とB君の会話に戻ろう。

B君「なるほど，原価低減するための実行予算書の作成方法には，いくつかの決まりがあるんだね」。

A君「そうなんだ。同じ工事でも，現場代理人によって全く異なる実行予算書になってしまうんだ。それに，実行予算書からその工事の施工方法がわかるようでないといけない。その現場の様子がありありと目に浮かぶように実行予算書を作成すると，ムダ・ムリ・ムラが見えてきて，必ず原価低減が可能になるんだ」。

B君「施工計画書と実行予算書とは別だと思っていたよ」。

A君「施工と予算の計画書は，それぞれ同じ考え方の下で作成しないと『絵に描いたもち』になってしまうよ」。

実行予算書を作成するうえでの注意事項を次ページの**表3-4**にまとめた。基本は，「数量×単価」だ。数量と単価をいかにして決めるかが，原価低減のための実行予算書作成のポイントである。会社によっては，施工計画書は現場代理人が作成し，実行予算書は課長や部長が作成するというところがある。よく打ち合わせをして作成されていれば問題ないが，現場代理人が実行予算書の内容をわかっていないと，現場で原価を低減することなど決してできない。

原価低減とは，現場に落ちているくぎを1本1本拾うことから始まる。そのためには，くぎの数量と単価が現場代理人の頭に入っている必要があるのだ。

表3-4●実行予算書を作成する際の注意事項

		数量		単価	
		入力値	調査方法	入力値	調査方法
材料費		実際に使用する数量(設計数量とは異なる)	ロス率を考慮する	実勢価格	資材メーカなどの見積もりや物価版で
労務費		人数×日数	過去の歩掛かりによる	実際に支払われている賃金,給料および手当など	社内基準による
外注費		実際の施工数量(設計数量とは異なる)	ロス率を考慮する	積み上げ方式による施工単価	一位代価表による
機械費		実際に現場で拘束する台数×日数	過去の歩掛かりによる	機械損料	社内機械は社内損料で,レンタル機械はメーカーなどの見積もりや物価版で
現場経費	現場管理費	実際に使用する数量	過去の歩掛かりによる	動力用水光熱費,機械などの経費,設計費,労務管理費,租税公課,地代家賃,保険料,事務用品費,通信交通費,交際費,補償費,雑費,出張所など経費配賦額など	社内基準による
	現場人件費	実際に配置予定の技術者	配属予定期間	従業員手当,退職金,法定福利費および福利厚生費	社内基準による

まとめ

実行予算書の作成における注意点

・会社や社員が,「本当に欲しいもの」を手に入れるために実行予算が必要
・原価低減するための実行予算書作成のポイント
　①材料のロス率や労務人工数を把握
　②外注単価の妥当性を確認
　③一式計上の予算は原則禁止
　④数量×単価で示す
　⑤実行予算書は施工方法がわかるように書くこと

コラム **計画の重要性**

以下は，ある機関が65歳の人を対象に行ったアンケートの結果である。

「大成功した」という人は全体の3％，「そこそこ成功した」という人は同10％，「並の人生だった」は60％，「並以下だった」は27％だった。

そして，それぞれの人たちの思考パターンは以下の通りだった。
- 大成功した（とても幸せな）人＝目標を具体的に決め，紙に書いていた
- そこそこ成功した（幸せな）人＝目標を具体的に決めてはいるが，紙に書いていない
- 並の人生だった人＝漠然と「いつか‥‥したい」と考えていた
- 並以下だった人＝他人に夢を委ねていた

つまり，大きな成功を収め，そして幸せな人生を送るためには人生の目標を決めて，紙に書いておく必要がある。

朝目覚めたときには，その日1日をどう過ごすかが明確でなければいけない。

朝起きてから今日1日をどのようにして過ごすかを考えているようでは，出遅れる。前日までにしっかりと準備して，予定と目標を立て，朝を迎えるのが幸せな1日を過ごすコツだ。明確な予定や目標がないまま朝目覚めると，いいかげんな1日を過ごすことになる。

毎週月曜日の朝目覚めたときには，その1週間をどう過ごすかが明確でないといけない。毎月1日の朝目覚めたときには，その1カ月間をどう過ごすかが明確でないといけない。毎年1月1日の朝目覚めたときには，その1年間をどう過ごすかが，明確でないといけない。

つまり，1週間，1カ月，1年間の初めの日には，予定と目標をその日までに立てて準備をしておかなければいけない。

月曜日になってからその1週間をどのように過ごすかを考えているようでは，毎月1日になってからその1カ月をどのように過ごすかを考えているようでは，1月1日になってからその1年をどのように過ごすかを考えているようでは，幸せな1週間，1カ月，1年は過ごせない。

3 実行予算通りに施工するために

B君「社長から，利益が出るような実行予算書を作るように指示されているけれど，どうしたらいいのだろう」。

A君「建設業界では昔から『段取り八分』と言うくらい，準備や計画がその後の仕事に与える影響は大きいんだ。だから，利益を出すためには実行予算書の作り方に気をつけないといけないね」。

B君「どういう点に気をつければいいの」。

A君「実際にどのように施工するのか，どこに原価低減の"種"があるのかを考えながら，実行予算書を作成することが重要だ。無駄がないかどうか，もっと効率的な施工方法はないかなどをきちんと検討することが，原価低減の第一歩だ。では，掘削工事を例にして，一緒に勉強しよう」。

実行予算書から施工の「ムダ」を見つける

勉強熱心なA君と原価についてあまり詳しくないB君とが，実行予算書について話している。ここでは，原価を低減することで利益を生み出すには，どのようにして実行予算書を作成しなければならないのかについて，解説しよう。

演習 掘削工事の一位代価表を基に実行予算書を作成

1100m^3の地山掘削工事を，140万円で受注した。この工事について一位代価表を作成し，そのうえで実行予算書を作成しなさい。ただし，1日の作業時間は午前8時から午後5時までの昼休みを除く8時間とする。

[作業条件]
- 0.7m^3のバックホーを使用する。地山掘削積み込み能力は200m^3／日とする。
- 運搬は，4tダンプトラックを使用する。運搬能力は40m^3／日とする。
- バックホー0.7m^3の1日当たりの使用料は1万5000円。
- 4tダンプトラックの1日当たりの使用料は1万円。
- オペレーターの費用は1日当たり2万円。残業単価は1時間当たり3125円。
- 普通作業員の費用は1日当たり1万5000円。残業単価は1時間当たり2344円。

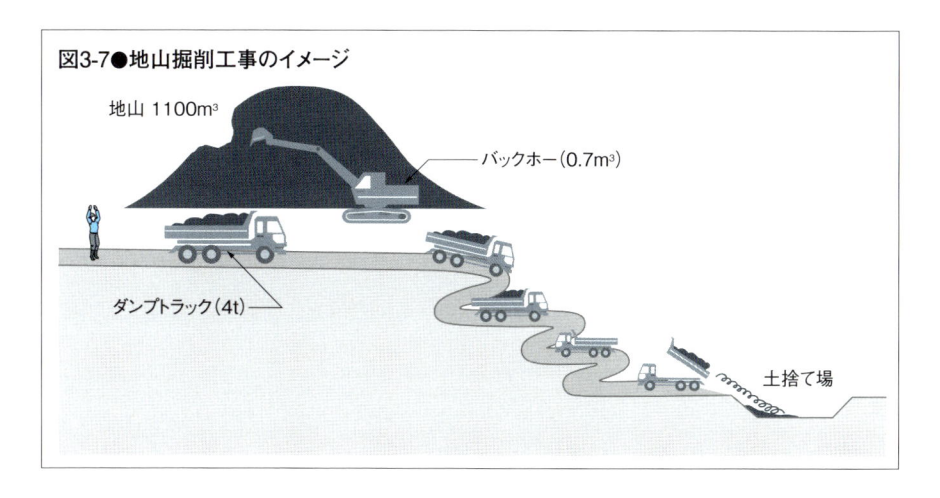

3-3 実行予算通りに施工するために

図3-7 ● 地山掘削工事のイメージ

A君「このような工事の実行予算書を作成するためには，まずは掘削単価を算出することが基本だ」。

B君「バックホー1台で1日に200m³掘削し，ダンプトラックは1台で1日に40m³運搬できるので，無駄のないようにダンプトラックを配置するには，ダンプトラックが5台必要だ」。

A君「その通り。では，掘削土量200m³当たりの一位代価表を作成してみよう」。

B君「一位代価表？」。

A君「一位代価表とは単価の内訳の詳細を示したものなんだ。作成する際には，どの単位で単価を算出するかを決めなければならない。この場合には，1日の作業量が200m³なので，**表3-5**のように，1日の作業の構成がわかるように書いてみよう」。

B君「200m³当たりの単価を算出できれば，工事費は『数量×単価』ですぐに算出できるね」。

A君「ここでは，次の2種類で実行予算書を作成してみよう。一つは，『掘削単価×掘削数量』，もう一つは『1日当たりの掘削費用×掘削日数』だ」。

B君「まず，掘削単価×掘削数量で算出すると予算は110万円になる。次に，1日当たりの掘削費用×掘削日数で実行予算書を作成する。掘削日数は5.5日だけれど，6日目の作業終了後にも実際には機械損料や労務費がかかるので，予算は6日分になるのだろうか」。

表3-5●地山掘削200m³当たり一位代価表（1日8時間稼動）

項目	内容	数量	単位	単価(円)	金額(円)
掘削工	バックホー　0.7m³	1	台日	15,000	15,000
	4tダンプトラック	5	台日	10,000	50,000
	バックホーのオペレーター	1	人	20,000	20,000
	4tダンプトラックのオペレーター	5	人	20,000	100,000
	普通作業員	1	人	15,000	15,000
	合計(1日当たりの掘削費用)				200,000
	1m³当たりの掘削単価				1,000

表3-6●上記の一位代価表に基づく実行予算書

実行予算書1

項目	内容	数量	単位	単価(円)	金額(円)
掘削工		1100	m³	1,000	1,100,000

実行予算書2

項目	内容	数量	単位	単価(円)	金額(円)
掘削工		6	日	200,000	1,200,000

A君「6日目の機械損料を半日分にできるようにレンタル会社と協議したり，6日目の作業員の日当を半日分にしたりできれば，5.5日で予算を組めばいい。だけど，6日目の機械損料や労務費が1日分かかってしまうのなら，予算は120万円で組む必要があるよ（**表3-6**）」。

A君とB君は，一位代価表を作成したうえで実行予算書を作成した。その際に，半日の作業の「ムダ」があり，実際には一位代価表の単価を用いた予算よりも，費用が余分にかかる可能性があることがわかった。

そこで，この半日分のムダをなくし，120万円の予算を低減するにはどのようにすればいいかを考えてみた。

実行予算書は施工計画書

B君「バックホー1台で5日間なら1000m³掘削できるので，残りの100m³を6日目ではなく，5日間の残業で掘削すれば，工事は5日で終えることができるね」。

A君「毎日1時間ずつ残業して，1日当たり220m³掘削すれば5日間で作業を終えることができ，効率的に作業できることがわかるよ（**表3-7**）」。

表3-7●地山掘削220m³当たり一位代価表(1日9時間稼働)

項目	内容	数量	単位	単価(円)	金額(円)
掘削工	バックホー　0.7m³	1	台日	15,000	15,000
	4tダンプトラック	5	台日	10,000	50,000
	バックホーのオペレーター	1	人	20,000	20,000
	バックホーのオペレーター残業	1	時間	3,125	3,125
	4tダンプトラックのオペレーター	5	人	20,000	100,000
	4tダンプトラックのオペレーター残業	5	時間	3,125	15,625
	普通作業員	1	人	15,000	15,000
	普通作業員残業	1	時間	2,344	2,344
	合計(1日当たりの掘削費用)				221,094
	1m³当たりの掘削単価				1,005

表3-8●上記の一位代価表に基づく実行予算書

実行予算書1

項目	内容	数量	単位	単価(円)	金額(円)
掘削工		1100	m³	1,005	1,105,500

実行予算書2

項目	内容	数量	単位	単価(円)	金額(円)
掘削工		5	日	221,094	1,105,470

B君「そうすれば，**表3-8**のような実行予算書を作成でき，110万円で施工できる。6日間で作業することに比べて約10万円，原価低減できたね。実行予算書というのは，単価に数量をかけて算出するものだと思っていたけれど，このように実際の施工を考えて予算書を作成することで原価低減できることがよくわかったよ」。

このケースでは，バックホー1台で4日間かけて掘削することも考えられる（次ページの**表3-9**）。1日に8時間の稼働なら4日間で800m³掘削できるので，残りの300m³を毎日3時間残業して掘削すれば，4日目で作業を完了できる。

バックホー1台とダンプトラック5台の1日間のレンタル料よりも，残業手当の方が安価なので，このように機械台数を減らして残業を増やすことで，**表3-10**のように105万円で施工でき，さらに5万円の原価低減が可能となる。

さらにバックホー1台で掘削するのではなく，複数台で掘削する方法なども検討する余地があるだろう。

表3-9●地山掘削275m³当たり一位代価表（1日11時間稼働）

項目	内容	数量	単位	単価(円)	金額(円)
掘削工	バックホー　0.7m³	1	台日	15,000	15,000
	4tダンプトラック	5	台日	10,000	50,000
	バックホーのオペレーター	1	人	20,000	20,000
	バックホーのオペレーターの残業	3	時間	3,125	9,375
	4tダンプトラックのオペレーター	5	人	20,000	100,000
	4tダンプトラックのオペレーターの残業	15	時間	3,125	46,875
	普通作業員	1	人	15,000	15,000
	普通作業員の残業	3	時間	2,344	7,032
	合計（1日当たりの掘削費用）				263,282
	1m³当たりの掘削単価				957

表3-10●上記の一位代価表に基づく実行予算書

実行予算書1

項目	内容	数量	単位	単価(円)	金額(円)
掘削工		1100	m³	957	1,052,700

実行予算書2

項目	内容	数量	単位	単価(円)	金額(円)
掘削工		4	日	263,282	1,053,128

このように，いろいろな施工方法を協議することが原価低減の近道となる。

　まずは，一位代価表を作成し，その単価を用いて実行予算書を作成することが一般的だ。その際に，現場の施工方法をよく考えて，無駄がないかを十分に検討して，実行予算書を作成することが原価低減するためには重要だ。まさに実行予算書は，施工計画書そのものなのである。

単価の内容がわかるような予算書に

　ここまで述べてきたように，実行予算書は施工計画の内容がわかるようなものでなければいけない。

　単価の意味がわからない**表3-11**のような実行予算書では，どのように施工

表3-11●悪い実行予算書の例

実行予算書A

工種	内容	数量	単位	単価(円)	金額(円)
掘削工	床掘り　H=2m	200	m³	395	79,000

表3-12●良い実行予算書の例
実行予算書B

工種	内容	数量	単位	単価(円)	金額(円)
掘削工	床掘り　H=2m	200	m^3	395	79,000
バックホー	0.7m^{3}クラス	1	台日	10,000	10,000
バックホー	回送費	1	往復	30,000	30,000
運転手		1	人	15,000	15,000
普通作業員		2	人	12,000	24,000
合計					79,000

すればよいのか，どの部分の原価を低減することができるのかがわからない。したがって，実行予算を作成する場合は，**表3-12**の実行予算書のように，単価の内訳がわかり，施工の状態が明確になるように作成しなければならない。

　このような実行予算書を作成することで，予算書の作成者だけでなく，現場担当者や協力会社においても原価低減の提案を出すことができる。たとえ，協力会社に見積もりを依頼して外注する場合でも，まずは自社で一位代価表を作成し，施工方法や作業構成を検討する。そのうえで，協力会社に協力を依頼することが，原価低減するためには不可欠である。

まとめ

実行予算は施工計画そのもの
- 実行予算書を作成する際には，単価の内訳を明確にするために，まずは一位代価表を作成する
- その単価を用いて，実行予算書を作成する
- 実行予算書は，施工計画書そのものである。施工方法をよく検討して，無駄な予算を計上していないかをチェックしなければいけない
- 施工状態がわかる実行予算書を作成することで，関係者全員で原価低減策を協議することができる
- 協力会社に見積もりを依頼する場合でも，事前に原価を検討する必要がある

コラム　4%しか実践していない

インターネットやテレビ,雑誌などでたくさんの情報が飛び交っている。情報が増えれば増えるほど,その内容を吟味し,取捨選択することが重要だ。

そして,その情報を理解して実践することが,さらに重要になる。情報は実践しなければ「知識」にしかなりえない。実践を伴うことで「知識」を「知恵」に変えて会社の経営に生かすことができる。

「成功者は語る」という題名で講演会がよく開催される。そんな講演を聞きに行くと,いわゆる営業ノウハウを「ここまで言っていいの?」というくらいに開示している講演者がいる。

先日,ある講演者に,「そこまで情報を開示して,自分の仕事に悪影響を与えませんか」と聞いてみた。すると次のような答えが返ってきた。

「人の話を聞いて,そのことを実践する人は20%しかいません。さらに,継続して実践し続ける人は,そのうちの20%しかいないのです。つまり,20%×20%=4%の方だけが,お話ししたことを継続して実践する人なのです。4%しかいないからこそ,私は安心してお話しすることができるのです」。

情報は無料ではないから,その情報を基に,継続して実践して自社の経営に生かしてこそ,費用対効果が上がる。実践,実践,また実践である。

4 月次決算の手法と実際

　施工管理を担当しているA君とB君は，実行予算書を作成して施工している。日々作業が進む現場を目の当たりにして，A君とB君はものづくりに携わる充実感とともに，緊張感をもって仕事を進めている。

B君「構造物が少しずつ出来上がり，完成に近付いていくと建設技術者であってよかったと思うね」。
A君「そうだね。僕たちの仕事は成果が形となって残り，その構造物が多くの皆さんのお役に立つ仕事だ。だからこそ，責任は重大だ」。
B君「ところで，工事の開始前に実行予算書を作成したけれど，実行予算通りに工事が進んでいるのかどうかを，どのように確認すればいいのだろう」。
A君「予算通りに工事が進行しているかどうかを確認することは，現場代理人として，とても大切な仕事だ。工事の終盤になって支出金額が実行予算を超えてしまうことが判明すれば，顧客や協力会社の方々に迷惑をかけてしまう。当然，会社として必要な利益を確保することもできなくなるよ」。
B君「早い段階で課題を把握して原価低減につなげるために，原価の進ちょくをどのように管理すればいいのだろう」。

　工事は実行予算通りに進めるよう，努力しなければならない。しかし，自然環境の変化や設計変更，ミス，ロスなどによって実行予算通りに施工できないことがある。そのような場合でも，その差を早期に把握し，改善処置を講じなければならない。以下では，工事の途中における原価の進ちょくを確認する手法について解説する。

実行予算出来高と実施工事費を比べて進ちょくを判断

B君「協力会社からの請求書を毎月，チェックしている。しかし，工事全体が実行予算通りに施工されているのかどうかを把握しなければならな

A君「工事の進ちょくに合わせて、実行予算と支出金額とを比較するためには、理解しておかなければならないことがいくつかあるよ。まずは、実行予算に対する現在の進ちょく度を知る必要がある。これを『実行予算出来高』という。この実行予算出来高に対応した工事金額を、『実施工事費』というんだ」。

B君「実行予算に対応した工事金額がわかるようにするんだね」。

A君「実行予算の残りを『残予算』と呼ぶのに対して、今後必要であろう工事金額を『残工工事費』ということも覚えておいてほしい」。

B君「当該月までの工事の進ちょくを判断するためには、実行予算出来高と実施工事費とを比較すればいいんだね」。

　原価の進ちょく管理を実施するために、「実行予算出来高」や「実施工事費」、「残予算」、「残工工事費」を把握することは重要だ（**表3-13**）。実行予算出来高と実施工事費、さらに残予算と残工工事費とは関係が深く、常にその差を把握しておく必要がある。これらの数値を正確に算出することで、精度の高い原価管理を実施することができる。

調整勘定とは

B君「実行予算出来高と実施工事費との違いはよくわかった。早速、先月末の実行予算出来高と実際に支出した金額とを算出してみたよ」。

A君「二つの数字は一致したかい？　現場にミスやロスがない限り、それら二つの数値は一致するはずだよ」。

B君「現場でのミスやロスはないけれど、二つの数字が一致しないんだ。な

表3-13●実行予算出来高と実施工事費、残予算、残工工事費の意味

実行予算出来高	現場における施工結果(出来高)を、工事を構成する工種ごとに、数量に実行予算単価を乗じて集計したもの。「数量×実行予算単価」で表される
実施工事費	実行予算出来高に対応した工事金額。実施工事費の算定は、実行予算出来高と対比させるために、「調整勘定」によって調整しなければならない
残予算	実行予算金額から、実行予算出来高を差し引いたもの。残予算＝実行予算－当該月までの累計実行予算出来高
残工工事費	工事の残りの部分を完成させるために、必要となる総費用。残工工事費＝累計工事費－当該月までの累計実施工事費

3-4 月次決算の手法と実際

表3-14●調整勘定を構成する要素

完成時残存価値	工事金額として支出されたが,完成時に価値として残るために,費用が戻ってくるもの ・購入した資機材が,購入先に買い戻されるケース ・購入した資機材が形として残るケース ・労災メリット還付金 ・賃貸事務所の敷金など
先行支出	工事金額として支出されたが,実行予算出来高には計上できない状態にあるもの ・資機材を購入して代金を支払ったが,まだ使用していないケース ・電気料の予納金,家賃などの前払金
後払い	現場ですでに施工されているが,支払いとして計上されていないもの ・資機材の未払い金 ・専門工事会社に対する契約上の保留金 ・締め切り日までに資機材会社や専門工事会社が請求してこない場合

ぜだろう」。

A君「実行予算出来高と実際に支出した金額(支出金額)とを正しく比較するためには,『調整勘定』を考慮しないといけない。支出金額に調整勘定を加減したものを実施工事費というんだ」。

B君「調整勘定？」。

　実施工事費を算出するためには,実際の支出である支出金額に対して調整勘定を加減しなければならない。

　　支出金額±調整勘定＝実施工事費

　調整勘定には,**表3-14**に示したように「完成時残存価値」,「先行支出」,「後払い」の3種類がある。

　調整勘定は現場の状況をよく把握して,算出しなければならない。この数値を正確に算出することで,正確な実施工事費を算出することができ,その結果,実行予算出来高との差異を正確に分析することができる。

実行予算と累計工事費

　図3-8に,実行予算と累計工事費の関係を示した。実施工事費に残工工事費を加えて累計工事費を求める。その累計工事費と実行予算とを比較することで,最終的な利益を予測できる。

図3-8●実行予算と累計工事費

実行予算出来高 ←結果の対比→ 実施工事費
＋ ＋
残予算 ←予測の対比→ 残工工事費
↓ ↓
実行予算 ←対比→ 累計工事費

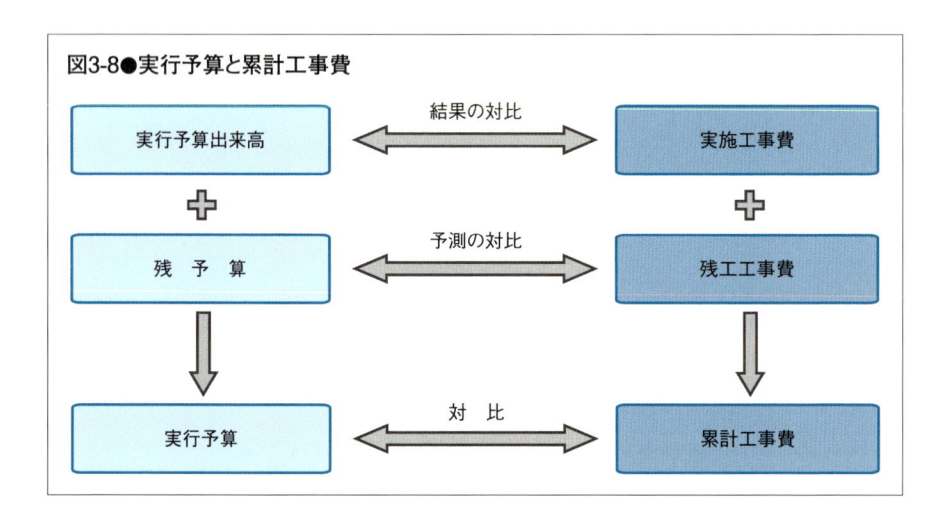

　ここで，実行予算出来高と実施工事費との比較は，「結果の対比」であるのに対して，残予算と残工工事費の比較は，「予測の対比」である。結果を踏まえて今後を予測することで，当該現場の課題を早期に発見し，適切な対策を講じることができるのだ。

　このようにして，先取りの管理を実施するためには，「現場を見る目」と「数

表3-15●収支予定調書の例
○×○×新設工事

　　　　　　　○○年○○月度収支予定調書

番号	科目	比率(%)	実行予算金額 現在額 H	実行予算出来高金額 前月まで J1	当月分 J2	合計 J=J1+J2	残予算 K=H−J	支出金額 前月まで L1
1	仮設工事費	18.6%	15,100	10,100	2,000	12,100	3,000	14,500
2	コンクリート工事費	50.6%	41,000	25,500	5,200	30,700	10,300	29,100
3	土工事費	12.5%	10,100	0	0	0	10,100	0
4	地盤改良工事費	6.4%	5,200	1,000	4,200	5,200	0	0
5	仕上げ工事費	6.0%	4,900	0	1,000	1,000	3,900	0
6	現場経費	4.0%	3,210	2,100	500	2,600	610	2,100
7	設計積算料	1.9%	1,500	1,500	0	1,500	0	3,000
	(工事原価計)	100.0%	81,010	40,200	12,900	53,100	27,910	48,700

値を見る目」を養うことが現場技術者にとって不可欠になる。実行予算と累計工事費を算出することで，収支を正確に予測するために一覧にしたものを「収支予定調書」という（**表3-15**）。

工事ごとに毎月，収支予定調書を作成することによって，現場担当者以外の人でも現場の状況を把握でき，課題への対策を全社で立案することができる。現場を見て課題を発見することの重要性は当然のこととして，数値から課題を見いだす力も重要だ。

残工工事費から累計工事費を算出する

B君「なるほど。現場の課題を把握するためには，現場を見る目とともに，原価データである数値を見る目を持つ必要もあるんだね」。

A君「その通りだ。ではここで，実際に残工工事費と累計工事費を算出してみよう」。

> **演習** 収支予定調書から調整勘定などを算出せよ
>
> ある工事の某月現在の収支予定調書を次ページの**表3-16**に示す。この工事について調整勘定，実施工事費を求めよ。さらに，残工工事費と累計工事費も算出せよ。解答は**表3-17**に示す。

（単位:千円）

支出金額		調整勘定				実施工事費	残工工事費	累計工事費
当月分 L2	合計L=L1+L2	完成時残存価値M1	先行支出M2	後払いM3	合計M	N=L+M	Q	R=N+Q
2,000	16,500	-2,000	0	0	-2,000	14,500	3,500	18,000
8,500	37,600	0	-8,500	0	-8,500	29,100	9,900	39,000
0	0	0	0	0	0	0	10,100	10,100
4,500	4,500	0	0	1,000	1,000	5,500	0	5,500
0	0	0	0	1,000	1,000	1,000	3,900	4,900
500	2,600	0	0	0	0	2,600	1,000	3,600
0	3,000	0	0	0	0	3,000	0	3,000
15,500	64,200	-2,000	-8,500	2,000	-8,500	55,700	28,400	84,100

表3-16 ● 演習用の収支予定調書

○年○月度　△△工事　収支予定調書

工種	予算				
	実行予算			実行予算出来高	
	単価	数量	金額	数量	金額
型枠	2,000	30m²	60,000	20m²	40,000
鉄筋	130,000	10t	1,300,000	5t	650,000
コンクリート	10,000	100m³	1,000,000	60m³	600,000
経費	100,000	4カ月	400,000	3カ月	300,000
合計			2,760,000		1,590,000

(1) 型枠工事について

　実行予算出来高4万円に対して支出金額は2万円と，差額が生じている。この差額は，協力会社への後払いが原因だ。したがって，調整勘定として2万円を計上する。工事は順調に施工されているので，残工工事費は残予算と同額の2万円になり，累計工事費は6万円になる。

(2) 鉄筋工事について

　実行予算出来高65万円に対して支出金額は95万円と，30万円の差額が生じている。これは，鉄筋材料を先行して納入したことによる先行支出が原因だ。したがって，調整勘定はマイナス30万円となる。残工工事費は残予算と同じ65万円なので，累計工事費は130万円となる。

表3-17 ● 収支予定調書の解答

○年○月度　△△工事　収支予定調書

工種	予算				
	実行予算			実行予算出来高	
	単価	数量	金額	数量	金額
型枠	2,000	30m²	60,000	20m²	40,000
鉄筋	130,000	10t	1,300,000	5t	650,000
コンクリート	10,000	100m³	1,000,000	60m³	600,000
経費	100,000	4カ月	400,000	3カ月	300,000
合計			2,760,000		1,590,000

支出(当月まで)			支出(最終見込み)	
支出金額	調整勘定	実施工事費	残工工事費	累計工事費
①	②	③=①+②	④	③+④
20,000				
950,000				
612,000				
300,000				
1,882,000				

（3）コンクリート工事について

　実行予算出来高60万円に対して，支出金額は61万2000円となっている。この差額は，現場におけるコンクリート材料のロスが原因と考えられる。したがって，残工工事費は残予算40万円に推定ロス率2％を追加して40万8000円となり，累計工事費は102万円となる。

　ここで，残工工事費を40万円，または38万8000円と書いた人がいるかもしれない。40万円と書いた人は，「今後はロス率が増えないように施工しよう」と決意した人だ。一方，38万8000円と書いた人は，「前半のロスを後半で挽回（ばんかい）して予算を死守しよう」と決意した人だ。このようにして，原価は低減することができる。

支出(当月まで)			支出(最終見込み)	
支出金額	調整勘定	実施工事費	残工工事費	累計工事費
①	②	③=①+②	④	③+④
20,000	20,000	40,000	20,000	60,000
950,000	-300,000	650,000	650,000	1,300,000
612,000	0	612,000	408,000	1,020,000
300,000	0	300,000	200,000	500,000
1,882,000	-280,000	1,602,000	1,278,000	2,880,000

対比

（4）経費について

現在3カ月が経過し，全体工期4カ月に対して75％経過している。ところが，コンクリート工事の進ちょくは総数量100 m^{3}のうちの60 m^{3}と，60％の進ちょくとなっている。さらに，型枠工や鉄筋工についても進ちょくが遅れている。

このまま推移すると工期が1カ月程度，遅延することが予測されるので，残工工事費は残予算の1カ月に1カ月を加えて2カ月分の経費20万円を見込み，累計工事費は50万円となる。

これらの結果，実行予算276万円に対して累計工事費は288万円と予測され，最終的に予算を12万円超過することが予測できる。この結果を基にして，今後は12万円分の原価を低減する対策を具体的に検討していくことになる。

このように工事の途中で累計工事費を予測することで，具体的な原価低減策を実践できるようになる。しかし，多くの会社は取り返しのつかないしゅん工後の原価しかチェックしていない。これでは，原価を低減することはできない。

建築工事では発注済みか否かで切り分ける

建築工事や設備・電気工事など，工種が細分化されており，契約や取り決め

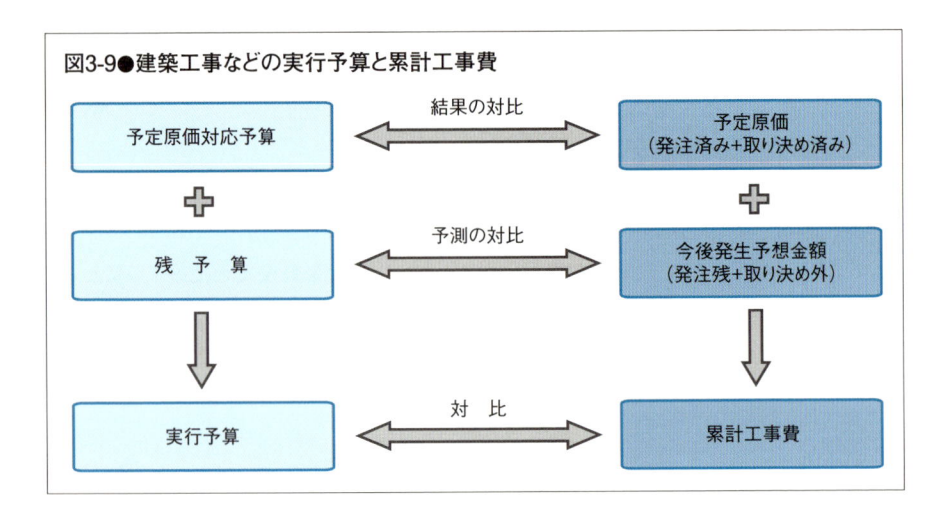

図3-9●建築工事などの実行予算と累計工事費

予定原価対応予算	←結果の対比→	予定原価 （発注済み+取り決め済み）
＋		＋
残　予　算	←予測の対比→	今後発生予想金額 （発注残+取り決め外）
↓		↓
実行予算	←対　比→	累計工事費

をすればその後の金額があまり変動しないような場合は，発注済みかどうかで切り分け，実行予算と累計工事費とを対比するとよい（**図3-9**）。

前述の主として土木工事とは異なり，建築工事などでは，発注または取り決めが完了した「予定原価」とその原価に対応する「予定原価対応予算」との比較が，結果の対比になる。そして，「今後発生予想金額」と「残予算」とで予測を対比する。今後発生予想金額とは，発注予定の金額と取り決めの対象とならない予想金額とを合計したものだ。

実行予算と現場を対比させよ

一つひとつ順を追って調整勘定と残工工事費を算出することで，最終の累計工事費を予測することができる。実行予算書の1項目ずつについて，現場の状況がどのようになっているかを常に監視することが重要だ。監視する際には，以下の内容を確認する必要がある。

　①支出金額には「完成時残存価値，先行支出，後払い」の調整勘定が含まれていないか。
　②材料のロス率は，予算通りか。
　③作業工数は，予算通りか。
　④実行予算書に上げた項目以外の支出金額が発生していないか。
　⑤工期は実行予算書に計上した通りに進んでいるか。

まとめ

施工途中に原価をチェックする方法
- 現場の進ちょくを示す実行予算出来高と，それに対応する実施工事費を比べることで，そこまで実施した工事の原価の状況を判断できる
- 実施工事費を算出するためには，現場の状況に応じた調整勘定を把握することが必要だ
- 最終的な原価予測である累計工事費を算出するためには，残工工事費を正確に算出する必要がある
- 実行予算書の項目ごとに現場の状況を正確に把握し，原価予測をしなければならない

コラム　主因子を見つけよう

「華麗なる一族」というテレビドラマが高視聴率だった。それは男の私が見ても，木村拓哉ことキムタクが「かっこいい」ことが理由だ。

キムタクは若くして製鉄会社の専務である。中期的展望を持ちながら，先行投資をして製鉄所の夢を実現していった。かつ，現場の作業者の心をつかみ，アットホームな社風をつくっていた。

妻が「キムタクの目がいい」と言うほど，カメラは執拗（しつよう）にキムタクの表情を追い，キムタクはそれに応えるような演技をしていた。

良くできた脚本の番組が売れるとは限らない。売れる番組は，売れるための主因子を魅力的に見せることが必要だ。つまり，「華麗なる一族」が売れたのは，原作や脚本が良くできていたというより，売れる主因子であるキムタクが魅力的に見えるような脚本を書いたから売れたのだと思う。

ある外科医のお話。
おばあさんが診察に来ると，そのお医者さんはレントゲン写真をポラロイドに撮影して，赤鉛筆を持って，「おばあちゃん，この赤い丸印のところがちょっと問題だね。でもこの薬を飲むと良くなるよ」と言うのだ。

このおばあさんの望んでいる主因子は，「安心」である。この「安心」を演出するために，お医者さんはポラロイド写真を見せる。

さらに，この外科ははやっているので，いつも患者でいっぱいだ。混めば混むほど，待ち時間が長くなる。そこで，この外科では来院患者をまずは理学療法士に診させる。その際，外科のお医者さんは必ず，次のような一声をかける。
「おじいちゃん，後で診てあげるからね」。

このおじいさんの望んでいる主因子は，「主治医の先生に診てもらいたいこと」と，「だけど待ちたくない」ということである。異なる二つの主因子に，この外科では同時に応えているからはやっている。

つまり，患者がこの外科に来院する主因子は，医者の「良い腕」ではなく「安心」などであることがわかる。

次は住宅会社の事例である。
B建設の棟梁Cさんの話だ。Cさんは, 顧客に対して失敗したことを説明する。

例えばDさんには,「Dさん, この部分は本当は真ちゅうのくぎを打たないといけないのです。しかし, 間違ってどぶ付けのくぎを使ってしまいました。直ちにやり直します。申し訳ありませんでした」。

この言葉を聞いたDさんは, 怒るどころかCさんを強く「信頼」するようになる。

さらに, 棟梁のCさんは,「今度の日曜日に孫を現場に連れてきていいですか。私の作品を孫に見せてやりたいんです」と言う。

しびれる言葉である。この棟梁は顧客が望んでいる主因子「信頼」に応えている。

この事例では, 顧客は品質とか工期とかではなく,「信頼」という主因子を望んでいるということになり, その主因子に応えることで顧客は感動する。

原価でも, 工事の原価の主因子を知ることで確実に低減させることができる。何がこの工事の原価低減のポイントかを知ることが最も大切だ。

顧客満足も原価低減も, 主因子をいかに知ってそれに応えるかに, かかっていると言える。

5 工事の精算結果から何を学ぶか

　A君とB君は，原価管理を意識しながら施工を進めている。工事の途中で，実行予算書通りに施工できているかどうかをチェックしているところだ。

　B君「詳細に原価データをチェックすると，どこに問題点があるかが，わかるようになってきたよ。でも，なかなか的確に指摘する自信がないなあ」。
　A君「そうだね。データの見方は難しいね。生の原価データを見ていても現場の真の問題点を抽出することはできない。だから，調整勘定などを考慮して正確なデータを基に分析する必要があるんだ」。
　B君「工事現場ごとに収支予定調書を作成して，現場の状態をデータで判断することはわかったけれど，具体的にどのように原価低減していけばいいのかな」。
　A君「具体的な改善策を立てることは，大切なことだ。改善ポイントをどのようにして抽出するのかについて，一緒に勉強しよう」。

　工事原価の集計や分析をした後には，課題を明確にして，具体的な改善策を検討しなければならない。原価の課題が明確になれば，対策は比較的容易に見つかるものだ。
　ここでは，工事の途中で原価低減策を立案する手法について解説する。

収支予定調書の作成方法

　B君「今月の収支予定調書を作成したんだ。見てくれるかい」。
　A君「念のために，どのような手順でこの収支予定調書を作成したのか，説明してくれるかい」。
　B君「まず，実行予算出来高を算出した。これは，現場の進ちょくに応じた数量を計算して，それに実行予算単価をかけたものだ。次に，支出金額を工種ごとに集計して記載した。協力会社などからの請求書を基にまとめたよ」。

A君「そこまでは，順調にできているようだね」。
B君「次に，調整勘定を算出した。仮設工事費は，仮建物が買い戻される契約になっているので200万円の『完成時残存価値』とした。コンクリート工事については，主として鉄筋材料を先行支出として計上した。また，地盤改良工事費と仕上げ工事費は，協力会社からの請求書の提出が遅れていて後払いとしたよ」。

A君「調整勘定は難しいのだけれど，正確に算出しているね」。
B君「その後，残工工事費を算出した。これからしゅん工までに実際にいくらかかるのかを計算したのだが，この作業が最も苦労した」。
A君「残工工事費を算出するためには，工期の遅れや協力会社との契約内容，材料のロス率などを総合的に評価しなければならない。現場の事情を正確に把握していないと，残工工事費を算出することはできないね」。

原価の進ちょく管理を実施するためには，実行予算出来高と支出金額，調整勘定，残工工事費を算出することによって，収支予定調書を毎月作成しなければならない。

このとき，残予算と残工工事費との違いを理解しながら作成する必要がある。正確な収支予定調書を作成することによって，的確な原価低減策を講じることができるようになるのだ。

工事の原価低減のポイント

まずは，あなたが現場代理人になったつもりで，以下の演習に答えてほしい。

> **演習　現場代理人として指摘するポイントは？**
>
> 現場代理人として，表3-18の「○×○×新設工事の○○年○○月度収支予定調書」を見て，原価低減のポイントを指摘せよ。

収支予定調書を作成する目的は，その数値を基に原価低減のポイントを絞りこむことだ。A君とB君の会話から，演習の解答を考えてみよう。

表3-18 ● 単一工事の収支予定調書

1604　〇×〇×新設工事
　　　〇〇年〇〇月度収支予定調書　　　請負金額980,000千円

番号	科目	比率(%)	実行予算金額 現在額H	実行予算出来高金額 前月まで J1	当月分 J2	合計 J=J1+J2	残予算 K=H-J	支出金額 前月まで L1
1	仮設工事費	18.6%	15,100	10,100	2,000	12,100	3,000	14,500
2	コンクリート工事費	50.6%	41,000	25,500	5,200	30,700	10,300	29,100
3	土工事費	12.5%	10,100	0	0	0	10,100	0
4	地盤改良工事費	6.4%	5,200	1,000	4,200	5,200	0	0
5	仕上げ工事費	6.0%	4,900	0	1,000	1,000	3,900	0
6	現場経費	4.0%	3,210	2,100	500	2,600	610	2,100
7	設計積算料	1.9%	1,500	1,500	0	1,500	0	3,000
	(工事原価計)	100.0%	81,010	40,200	12,900	53,100	27,910	48,700

A君「収支予定調書から，原価低減のポイントを考えてみよう」。
B君「まずは仮設工事費について。実行予算1510万円に対して，累計工事費が1800万円なので，予算を290万円超過する見込みだ。そのほかに，地盤改良工事費や現場経費，設計積算料についても，550万円－520万円＝30万円，360万円－321万円＝39万円，300万円－150万円＝150万円と，それぞれ予算を超過することが予想される」。

A君「逆に，予算以下で施工できそうな工種もあるね」。
B君「コンクリート工事費については，実行予算4100万円に対して，累計工事費が3900万円なので，200万円原価低減できそうだ」。
A君「では，現場代理人として，どの工種を改善すれば工事全体の原価を低減できるか考えてみよう」。

原価低減の具体策は，以下の順に検討する。

(1) まずは，残工工事費の多い工種を検討する

土工事について，現状では全く施工していないので，残工工事費が最も多い。最初に原価低減策を講じる必要がある。

(単位:千円)

支出金額		調整勘定				実施工事費 N=L+M	残工工事費 Q	累計工事費 R=N+Q
当月分 L2	合計 L=L1+L2	完成時残存価値M1	先行支出 M2	後払い M3	合計 M=M1+M2+M3			
2,000	16,500	-2,000	0	0	-2,000	14,500	3,500	18,000
8,500	37,600	0	-8,500	0	-8,500	29,100	9,900	39,000
0	0	0	0	0	0	0	10,100	10,100
4,500	4,500	0	0	1,000	1,000	5,500	0	5,500
0	0	0	0	1,000	1,000	1,000	3,900	4,900
500	2,600	0	0	0	0	2,600	1,000	3,600
0	3,000	0	0	0	0	3,000	0	3,000
15,500	64,200	-2,000	-8,500	2,000	-8,500	55,700	28,400	84,100

対比

(2) すでに改善できている工種の原価をさらに低減する

コンクリート工事について，すでに200万円の原価低減ができている。さらに検討課題がないかと考えるべきである。

(3) 発注者に増額してもらえる可能性のある工種がないか検討する

設計積算料が，予算の2倍の累計工事費となっている。請負金額の増額対象にならないかを検討する。

(4) 予算超過している工種について，これ以上悪化しないよう対策を考える

予算超過している四つの工種について，その原因を分析し，再発防止策を立案する。

会社全体の目標粗利益額を確保する

工事ごとの収支予定調書が完成し，原価低減の課題を抽出した後，会社全体の工事原価について検討する。

表3-19の「工事管理台帳」は、今期の完成を予定しているすべての工事案件について、収支予定調書に記載している金額を一覧表にまとめたものだ。

ただし、「変更後請負金額」や請負金額の「増額、減額（見込み）」については収支予定調書に記載がない。発注者と正式に契約変更した場合には変更後請負金額の欄に、契約変更をしていないが請負金額が増額または減額となる見込みのある場合には、請負金額の増額、減額（見込み）の欄に見込み金額をそれぞれ記載する。

先の演習と同様、今度はあなたが工事部長になったつもりで、以下の演習に答えてほしい。

> **演習 工事部長として指摘するポイントは？**
>
> 工事部長として、表3-19に示した工事管理台帳を見て、原価低減のポイントを指摘せよ。

工事管理台帳の「今年度全社目標」欄には、年頭に制定した全社売り上げ目標と全社粗利益目標を記載する。この事例では、それぞれ3億円と4500万円とする。

ここで特に重要な点は、全社粗利益目標である。この事例では、目標4500

表3-19●全社的な工事管理台帳

第△期　○○年○○月度　工事管理台帳

No.	工事名称	発注者	担当者	当初請負金額 ①	実行予算額 ②	粗利益 ③=①−②	粗利益率(%) ④=③÷①×100
1601	△△工事	××	△△	35,000	29,750	5,250	15.0%
1602	○○新設工事	○○	○○	97,000	84,390	12,610	13.0%
1603	××改良工事	△△	××	8,000	6,200	1,800	22.5%
1604	○×○×新築工事	○○	○○	98,000	81,010	16,990	17.3%
	合計			238,000	201,350	36,650	15.4%
	今年度全社目標						

万円に対して，実績3516万3000円と983万7000円不足している。請負金額の増額見込みが合計150万円なので，全額増額してもらえると仮定すると983万7000円－150万円＝833万7000円の粗利益を確保しなければ，全社粗利益目標に達しないことがわかる。

原価低減の具体策は，次の通りになる。

（1）まず，残工工事費の多い工事を検討する

工事番号1602と1604は，残工工事費が多いので，最も多額の原価を低減できる策を講じる必要がある。

（2）すでに原価を改善できている工事について，さらに低減する

工事番号1602は，実行予算額8439万円－累計工事費8190万5000円＝248万5000円の原価をすでに低減できている。さらに工事番号1601も，請負金額を250万円増額できれば粗利益は増加する。このような工事に関して，さらに検討課題がないかと考えるべきである。

（3）発注者に増額してもらえる可能性のある工事がないか検討する

工事番号1604は，予算を超過しているにもかかわらず，請負金額の増額，減額（見込み）の欄に記載がない。請負金額の増額の対象にならないかを検討する。

(単位:千円)

変更後請負金額 ⑤	増額,減額（見込み）	実施工事費 ⑥	残工工事費（見込み）⑦	累計工事費（見込み）⑧＝⑥＋⑦	粗利益 ⑨＝⑤－⑧	粗利益率(%) ⑩＝⑨÷⑤×100
35,500	2,500	28,345	2,787	31,132	4,368	12.3%
97,000	-1,000	53,460	28,445	81,905	15,095	15.6%
8,000	0	0	6,200	6,200	1,800	22.5%
98,000	0	55,700	28,400	84,100	13,900	14.2%
238,500	1,500	137,505	65,832	203,337	35,163	14.7%
300,000					45,000	15.0%

(4) 予算を超過している工事は、これ以上悪化しないよう対策を考える

工事番号1604は、予算を超過している原因を分析して再発防止策を講じる必要がある。

過去の「犯人」捜しでなく、未然に失敗を防ぐ

B君「工事管理台帳を作成すると、会社全体として粗利益目標に近付いているのがよくわかり、原価低減のやる気が出てくるね」。

A君「そうなんだ。『やる気』というのは『見える』『わかる』ことから出てくるんだ。工事ごとの現場の状態と会社全体の原価の状態が見えて、わかってこそ、原価低減の意欲がわいてきて、実際に原価低減することが可能になるんだ」。

B君「単に『原価を下げろ。方法は自分で考えろ』と言われるよりも、データの分析結果を基に、具体的にどの工事のどの工種でいくら低減する必要があるのかが明確に指摘されると、対策を立てやすいね」。

表3-20● 工事管理台帳の見本

区分			工事番号	工事名	当初請負額①	目標	
						粗利益率②	粗利③
土木	完成	民間工事	C1701	○○○○○○工事	145,000	14.0%	20,300
	完成	官庁工事	C1702	△△△△△△工事	130,000	19.0%	24,700
	完成	官庁工事	C1703	××××××工事	24,000	19.0%	4,560
	未成	官庁工事	C1704	○△○その1工事	57,000	19.0%	10,830
	未成	官庁工事	C1705	×○××△工事	33,000	19.0%	6,270
	未成	官庁工事	C1706	○○△△××工事	1,800	19.0%	342
土木計					390,800	17.1%	67,002
建築	完成	民間工事	A1701	○○○××○工事	41,500	14.0%	5,810
	完成	民間工事	A1702	△△△○△修理	1,049	14.0%	147
	完成	下請工事	A1703	×○○×××舗装	1,300	8.0%	104
	完成	民間工事	A1704	×○×改修工事	1,030	14.0%	144
	未成	民間工事	A1705	×○×△△工事	13,700	14.0%	1,918
	未成	民間工事	A1706	×○××△工事	3,800	14.0%	532
	未成	1,000千円未満雑工事			5,815	14.0%	814
建築計					68,194	13.9%	9,469
総計					458,994	16.7%	76,471

(注)粗利益率は小数点第2位を四捨五入して表示している

さらに詳しく分析した工事管理台帳の事例を**表3-20**に示す。この表は，原価低減策を材料費，労務費，外注費，経費に分けて提案することとしている。より細かく分析することで，的確な原価低減策を立てることができる。

工事部門の会議において，しゅん工した案件のうち，予算を超過した案件について，その原因を協議していることが多い。時には「犯人」捜しをしていることさえ見受けられる。

工事部長「C1703はしゅん工したが，予算よりも粗利益率が2.9％も低下しているぞ。理由は何だ」。
担当者「それは，工事途中の変更が多かったからです」。
工事部長「そんな言い訳は聞きたくない」。

失敗を二度と繰り返さないためにも原因を把握し，再発防止策を考えること

(単位：千円)

実行予算						
工事原価					粗利益	粗利益率
材料費	労務費	外注費	経費	合計④	⑤＝①－④	⑥＝⑤÷①
40,340	9,900	58,681	13,922	122,843	22,157	15.3%
57,460	2,620	46,465	6,339	112,884	17,116	13.2%
4,120	1,950	14,340	898	21,308	2,692	11.2%
7,390	2,560	37,880	4,019	51,849	5,151	9.0%
6,394	1,888	22,510	2,082	32,874	126	0.4%
567	36	780	88	1,471	329	18.3%
116,271	18,954	180,656	27,348	343,229	47,571	12.2%
0	453	39,000	794	40,247	1,253	3.0%
0	25	770	13	808	241	23.0%
230	15	620	30	895	405	31.2%
246	40	500	19	805	225	21.8%
1,100	895	8,790	1,024	11,809	1,891	13.8%
0	172	2,971	42	3,185	615	16.2%
35	584	3,640	179	4,438	1,377	23.7%
1,611	2,184	56,291	2,101	62,187	6,007	8.8%
117,882	21,138	236,947	29,449	405,416	53,578	11.7%

次ページに続く

は重要なことだ。それ以上に大切なことは，施工中の案件について良い結果でしゅん工できるように事前に対策を立てて予防処置を議論し，実行することだ。

> 工事部長「施工中のA1705について，予算よりも粗利益率が1.5％下がる見込みのようだが，挽回（ばんかい）できないのか」。
> 担当者「施工方法を見直すことで改善したいのですが，いいアイデアがありません」。
> 工事部長「では，○月○日に検討会を開催しよう」。

今後発生することが予測される原価の課題をあらかじめ明確にし，対策を実行することによって，成果が上がりやすくなる。なにより議論が建設的になる。
　正確な予防処置を講じるためにも，工事原価を精度良く分析することが欠かせない。

表3-20●工事管理台帳の見本（前ページの続き）

契約変更金額 ⑦	変更後請負額 ⑧=①+⑦	契約変更見込み	原価低減検討内容		
			工事原価低減金額		
			材料費	労務費	外注費
2,500	147,500		6,135	3,907	559
4,097	134,097	1,200	-755	6	1,700
2,202	26,202		-3,773	520	2,578
-27	56,973		870	-1,148	1,882
3,037	36,037	1,200	-876	1,845	946
1,435	3,235		437	22	-440
13,244	404,044		2,038	5,152	7,225
0	41,500		-2,713	0	5,263
0	1,049		0	0	-100
0	1,300		23	0	223
0	1,030		0	0	-5
0	13,700		-80	0	-184
0	3,800		334	0	0
0	5,815		-5	0	-34
0	68,194		-2,441	0	5,163
13,244	472,238	0	-403	5,152	12,388

まとめ

工事管理台帳をきちんと作成せよ
・「収支予定調書」を作成することによって，工事原価の課題を工種ごとに明確にすることができる
・「工事管理台帳」を作成することによって，全社の年度目標粗利益額との差を常に明確にし，具体的な対策を講じることが可能になる
・過去の失敗案件の「犯人」捜しに終始するのではなく，施工中の工事案件の原価ミスを未然に防止することを協議すべきだ

(単位：千円)

経費	合計⑨	粗利益 ⑩=⑤+⑨	粗利益率 ⑪=⑩÷⑧	改善率 ⑫=⑪-⑥	対目標差 ⑬=⑩-③
-2,280	8,321	30,478	20.7%	5.4%	10,178
1,271	2,222	19,338	14.4%	1.3%	-5,362
162	-513	2,179	8.3%	-2.9%	-2,381
495	2,099	7,250	12.7%	3.7%	-3,580
796	2,711	2,837	7.9%	7.5%	-3,433
31	50	379	11.7%	-6.6%	37
475	14,890	62,461	15.5%	3.3%	-4,541
-268	2,282	3,535	8.5%	5.5%	-2,275
0	-100	141	13.4%	-9.5%	-6
0	246	651	50.1%	18.9%	547
5	0	225	21.8%	0.0%	81
52	-212	1,679	12.3%	-1.5%	-239
0	334	949	25.0%	8.8%	417
0	-39	1,338	23.0%	-0.7%	524
-211	2,511	8,518	12.5%	3.7%	-951
264	17,401	70,979	15.0%	3.4%	-5,492

コラム 脚下照顧

　玄関に靴を脱ぐ際に,両方の靴がばらばらのままの人がいる。
　机の上に書類を広げたまま,席を立って出かける人がいる。
　家や会社から出かけるときに,忘れ物をよくする人がいる。
　同じミスを何度も繰り返す人がいる。

　これらはすべて,「振り返っていないこと」が原因だ。自らの行動を振り返ると,靴がばらばらであることに気づき,机の上が散らかっていることに気づき,忘れ物をしていることに気づき,同じミスを何度も繰り返していることに気づく。

　禅院の玄関で「脚下照顧」の文字を見たことがないだろうか。
　「岩波四字熟語辞典」(岩波書店辞典編集部編)によると,「脚下照顧」の意として次のようにある。

　「足元を見よ,の意。単に足元に注意せよという意味ではない。外部にばかり気を取られたり理想を求めたりせず,自己の内面を明らかにせよという内省をうながす言葉として,禅宗で用いられる。禅院の玄関にこの言葉が記してあるのは,『履物をそろえよ』と両義に用いたもの」。

　自らの足元,つまり現状を振り返り,自らを省みて,改善につなげていくことを説いている。

　仕事のやりっぱなし,指示のしっぱなし,では良い仕事はできない。まして,原価管理において,お金の使いっぱなし,お金のもらいっぱなしでは,手元からお金がポロポロとこぼれ出ていることだろう。

　常に足元を見つめることの大切さをかみしめたい。

6 工事終了後も原価をチェック

　建設会社で施工管理に携わっているA君とB君。担当してきた工事がようやく終わろうとしている。A君とB君は，工事終了後に工事原価のまとめをして，この結果を今後の原価の改善につなげるために話し合っているところだ。

　B君「苦労して進めてきた工事もようやく終わりに近付いてきたね」。
　A君「そうだね。品質と工程，安全の各管理面では大きなミスはなく，無事に現場を終えることができそうだ。でも原価管理については，工事終了後もまだやるべきことがあるよ」。
　B君「工事が終わってから原価管理についてやるべきことって?」。
　A君「それは，この現場の原価データを次の工事に生かすために整理しておくことだ。仕事をやりっぱなしにしていては，技術者や会社全体の力になり得ない。一つひとつの工事実績を，技術者や会社全体の財産にしなければならない。そのためにも，原価データの整理や集計は大切なことなんだ」。

実際にいくらかかったのかを集計する

　工事が終わっても，原価管理は終わっていない。次の工事にこの結果を生かし，財産にするために，原価データをまとめなければならない。
　第3章の最後となるこの節では，原価データの集計方法と，そのデータを次の工事の原価低減にいかにつなげていくかについて，以下の演習で示した型枠工事を例に挙げながら述べる。

> **演習** 型枠工事の歩掛かりを次の原価管理に生かすには
>
> 打ち放しで高さ1.2mの基礎型枠工を230m²施工した。この工事の歩掛かりをまとめ，今後の原価管理に役立てる方法を考えよ（表3-21）。

　B君「まずは，今回の工事のうち，型枠工について原価データをまとめてみようと思う」。

A君「実行予算によると、型枠工は○○組に1m²当たり3500円で発注しているね」。

B君「一位代価表を作成したうえで単価を算出し、発注したんだ」。

A君「一位代価表も実行予算もあくまで仮説にすぎない。工事実績をまとめることによって、正しく見積もっていたかどうかを確かめてみよう」。

B君「わかった。まずは、労務費の実績について。大工と普通作業員の出面(でづら)を毎日記録したんだ。それぞれ延べ25人と10人になる。次に、それぞれの労務単価だけど、これは、各人に聞いて記入したんだ」。

A君「労務単価をどのようにして聞いたんだい？」。

B君「休憩時間に、缶コーヒーでも飲みながら、会社からいくらもらっているのかを聞いてみたんだ。はじめはなかなか教えてくれなかったけれど、気心が通じ合うにつれ、教えてもらえるようになったんだ」。

A君「それはよかったね。次に材料費を集計してみよう」。

B君「材料の使用数量については現場で数えた。セパレーターや単管の数

表3-21●歩掛かり調査票

> 当初計画時の実行予算、施工前の情報

工事名　○○新築工事

				計画			
工種	内容	数量	単位	発注単価もしくは予算単価	金額	協力会社名
型枠工	基礎(H1.2m)打ち放し	230	m²	3,500	805,000	○○組

> 発注単価と実績単価を比較する。
> 発注単価(予算単価)の方が高ければ、計画が甘かったか、原価低減が適切に行われたことになる。
> 発注単価(予算単価)の方が低ければ、計画が厳しかったか、現場でムダ・ムリ・ムラが発生したことになる。

量を数えるのには骨が折れたよ」。

A君「材料単価はどのようにして調査したんだい？」。

B君「これは市販されている物価調査の結果を基にして調べた。併せて，金物店などでも材料単価を調べたよ」。

A君「機械費はどのようにして調べたの？」。

B君「機械費については，稼動した数量は出面から調べたんだ。単価は建設機械のリース会社に問い合わせて記入したんだ」。

　工事を施工する際，労務費や材料費，機械費に実際にどれくらいかかっているかを常に意識して，現場を監視していなければならない。手戻りや手直し，手待ち作業などの想定外の作業があれば，その旨も特記しておく必要がある。さらに材料ロスがあれば，それについても配慮しなければならない。労務単価は賃金台帳を確認することで，把握することも可能だ。

実際の使用量，作業数を現場で算出する

物価調査データ，作業員からのヒアリングによって実際の単価を調査する

実績						
作業期間	区分	内容	数量	単位	単価	金額
H170501〜0520	労務費	大工	25	人	15,000	375,000
		普通作業員	10	人	12,000	120,000
	材料費	コンパネ(4回転用)	240	m^2	600	144,000
		セパレーター　300mm	53	個	20	1,060
		単管　L=5m	40	本	80	3,200
		金具	106	個	20	2,120
	機械費	ユニック	3	日	9,300	27,900
		レッカー20t	0.5	日	15,000	7,500
	小計					680,780
	協力会社経費	10%				68,078
	合計					748,858
	実績単価					3,256

協力会社の経費がどの程度必要かは，会社の規模や管理内容によって異なる

実際にかかった原価実績から実績単価を求める

A君「実際にかかった数量と単価をまとめると，どうなった？」。

B君「合計68万780円になったよ。それに協力会社の経費を10％と仮定して総金額を出すと，74万8858円になる」。

A君「協力会社の経費率は，会社の規模や管理内容によって異なるので注意が必要だね」。

B君「かかった費用の合計額を，型枠数量である230m²で割ると，実際にかかったであろう型枠単価を算出することができる。1m²当たり3256

表3-22●原価管理改善計画書

項目	目標	実績(良かった点,反省点)
		4月
原価低減の金額	150万円	25万円
P=計画 全社目標,実行予算	1.着工2週間前に実行予算書を完成させる 2.予算作成に際して一位代価表を作成する	実行予算の作成が着工の3日前になってしまった
D=実施 教育,周知	1.着工前に実行予算を社員や協力会社に説明する 2.現場担当者各自が原価低減目標を理解するよう日々教育する	4月5日に現場において実行予算書の説明会を開催した
C=点検 原価の進ちょく確認	1.調整勘定を正確に算出する 2.残工工事費を正確に算出する	4月末に残工工事費を算出したが,一部精度の悪い点がある
A=改善 データの分析,活用	1.原価改善提案を協議することで原価低減を実践する 2.工事終了後の原価データを集計する 3.工事歩掛かりをデータベース化する	土工事と型枠工事に関して毎日歩掛かりデータをまとめることができた。土工事について,効率的に作業を進めることができ,25万円の原価を低減できた
上司 評価,コメント	日々改善を積み重ねて,原価低減目標を達成するよう努力すること。具体的には,歩掛かりを考慮した実行予算書を作成すること	実行予算に対して原価低減手法を日々考慮すること。くぎ1本を無駄にしないことから原価の低減行動が始まる。土工事の原価低減については評価できる

円になったよ」。

A君「この数字を実績単価と呼ぶんだ。原価データを集計して，このように実績単価を算出することで次の工事の参考にすることができる。今後は，型枠工に限らず，すべての工種について実績単価をまとめておく必要があるね。現場をよく見ておくほど，実績単価の精度が上がる。そうすればそこから，原価低減の"種"を見つけることができるんだ」。

　実際に現場でかかった総費用と，協力会社の管理経費を合計したものが，その工種の原価合計だ。さらにそれを数量で割ると，実績単価を算出することができる。会社で共通の様式を用意しておけば，記入しやすいし，後で他の人が見ても理解することができる。

5月	6月	集計
96万7000万円	33万円	154万7000万円
実行予算の見直しを実施した	発注者に発注単価の見直し依頼資料を提出した	結果としては，甘い単価で発注した部分があった。今後の工事において単価の見直しを行う
KYKにおいて，作業員に対して原価について説明した	朝礼において，作業員から原価低減の提案があった	現場一丸となって原価低減活動を実践することができた
調整勘定の扱いが難しく，残工工事費の算出に時間がかかる	現場の把握が進んできたので容易に残工工事費を算出することができた	途中で予想した原価と精算金額との差額は5万4000円だった。精度良く原価を予測することができた
コンクリートロスを予算よりも少なくすることができた。また，仮設工事ではVE提案によって原価を低減することができた	工期短縮によって，現場経費を圧縮することができた	歩掛かりを算出したところ，当初の実行予算が甘かったことが判明した。このデータを今後の工事に生かしたい
材料ロスを少なくしたことは評価できる。VE提案について，さらに勉強すること	発注者との変更協議を円滑に進めること	原価低減することができたのは，日々のPDCAサイクルを着実に実施したことによる。今後の工事にこの成果を生かすこと

実行予算単価と実績単価の差は改善の卵

A君「実績単価である3256円と，実行予算単価である3500円との差の原因は何だろう」。

B君「実績単価のうち，労務単価と協力会社の管理経費には不確定要素が含まれている。これらが正しいと仮定すると，実績単価の方が，3500円－3256円＝244円安くなった。今後，同種の型枠工事では，1m²当たり3256円を基本にして予算を組もうと思う」。

A君「そうだね。実績単価を基にして予算単価を算出すると，より真実に近い単価を計上することができるんだ」。

B君「実行予算の作成時には，一位代価表を作成して型枠単価を算出した。その際，これが正しい数字なのかと，不安があったのは事実だ。工事終了後にこのようにして実績単価を算出して比較すると，単価の立証ができて，今後は自信を持って協力会社と交渉できると思う」。

　実行予算作成時の単価と実績単価とを比較して分析，評価することで，次の工事の原価を低減することが可能になる。この実績単価は技術者や会社全体の財産であり，データを積み重ねておくことが大切だ。

　具体的には次のように実施する。
①工事が完了したら，基本的にすべての工種について130ページの**表3-21**のような歩掛かり調査票を作成する。その際，できるだけ詳しく工事案件を書いておく。
②工種ごとに取りまとめて「歩掛かりファイル」としてファイリングする。データは，工種ごとのフォルダーに保管するとよい。
③新規案件の実行予算作成時には，過去の歩掛かりデータを参考にする。

日々改善を進めよう

B君「今後，原価低減を進めていこうというやる気がわいてきたよ」。

A君「では，原価低減の数値目標を定め，それを達成するための具体的な計画を立てよう」。

B君「わかった。できるだけ詳しく書いた方がいいね」。

A君「目標を定めて計画を立てたら，実践できているかどうかを1カ月ごとにチェックするんだ。これを通じて，原価低減の良い習慣を身に付けよう」。

原価低減を計画的に進めるためには，132ページの**表3-22**のような「原価管理改善計画書」を作成することが効果的だ。

　工事の開始時に，原価低減の数値目標と，それを実現するための行動計画を立案する。その際，以前の工事案件の実績単価や改善の"種"を参考にする。明確かつ詳細に計画を作成することが重要だ。
　次に，月々の実績を記載し，原価低減の状況を監視する。日々の地道な原価低減活動によって，着実に原価を下げることができるようになる。

まとめ

必ず実績単価を求めておく
- 工事が終わったら，実際にいくらの原価がかかったのかを集計し，その原価の合計から実績単価を算出する
- 実績単価と実行予算での単価との差を分析することで，同工種の改善の"種"を見つけることができる
- 着実に改善を進めるためには，明確な改善計画と日々の実践が必要

コラム　神様と人間と動物の違いはなんだろう

先日，自社で「自分の課題」という内容で社内勉強会を開催した。社員から，自身の課題がそれぞれ発表された。

私は社長として課題を発表した。私の「社長力」の課題は次の通りと判断した。「情報収集力」が不足している。「企画力」が不足している。これは本当に自分自身，反省すべきことだ。

次に社員からは次のような意見が出た。

「問題が発生してからの，改善活動を実施できていない」。「日々の業務に追われており，業務のやりっぱなしで振り返ることをしていない」。これも，改善活動が実施できていないということだ。

さて，突然だが神様と人間と動物の違いはなんだろうか。

神様は，完全な存在だ。しかし，人間と動物は不完全な存在である。神様と人間や動物との違いはここにある。

では，人間と動物との違いは何だろうか。人間は自分が不完全であるということに気づいている。これに対して，動物は，自分が不完全なことに気づいていない。

人間は自分が不完全なことに気づいているのでさらに改善し，向上しようと考える。しかし，動物は自分が不完全であることに気づいていないので反省をしないし，改善して向上しようともしない。

つまり，人間と動物との違いは不完全性に気づき，改善をしているかどうかなのだ。しかし，人間でも，自分の不完全性に気づいておらず，そのために反省をしたり，改善をしたりしない人がいる。

問題が発生しても，他人のせいにしたり，環境のせいにしたりする人だ。自分自身の至らなさに気づいていない人だ。

このように，自らの不完全性に気づかず，人のせいにして改善しない人は動物に近い人間であるといえる。

会社経営では，是正処置や予防処置の実施が不可欠だ。自らの不完全性に気づき，再発防止や未然防止などの改善活動を実施することが重要なのだ。

　再発防止や未然防止は，自らの不完全性に気づいた人が行う「人間的」行為といえる。逆に是正処置や予防処置を実施しない人は，人間でなく動物に近いといえる。

　日々改善活動を進め，より人間らしく生きたいものである。

第4章
設計業務にも不可欠な原価管理

1 「業務」を「工種」に細分化する
2 業務管理台帳で粗利益を改善

1 「業務」を「工種」に細分化する

　設計業務に従事するG君とH君が原価を低減するための「実行予算書作成のポイント」について話している。

見えない業務を見えるように計画

H君「設計業務の実行予算書を作成するには，どのような点に注意すべきだろう」。

G君「設計業務で原価を低減できるかどうかは，実行予算書にかかっているといっても過言ではないよ。形だけの実行予算書では原価を低減できない。良い実行予算書を作成することで原価低減することが可能になるんだ。ところで，設計業務の実行予算書は，建設工事のものとは大きく異なる特徴があるんだ」。

H君「それは何？」。

G君「業務の進ちょく状況が他の人の目から見えないことだ。工事だと掘削したり，型枠を組んだりする様子が見えるので進ちょく管理がしやすいけれど，設計業務は頭の中で実施する作業が多いので，目に見えない。だから実行予算書の作成では，見えない業務をいかにして見えるように計画するかがポイントになるんだ」。

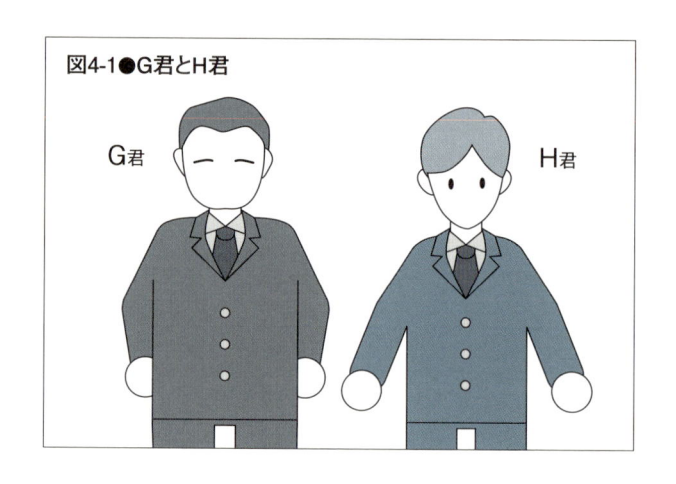

図4-1●G君とH君

4-1 「業務」を「工種」に細分化する

工種の設定は綿密に

設計や測量の業務では,どのようにして実行予算書を作成すれば原価を低減して利益を生み出すことができるのだろうか。以下の演習を通して考えていこう。

> **演習** 実施設計の実行予算書作成のポイントは
>
> 約2500m²の街区公園改修の実施設計を受注した。この案件の実行予算書を作成する際のポイントを述べよ。

設計業務の実行予算書を作成する際のポイントは,大きく四つに分けられる。それぞれのポイントについて解説しよう。

(1) 業務を細かく分けて工種ごとに予算化すること

　　H君「実行予算書を作ってみたけれど,G君どうだろう(**表4-1**)」。

表4-1●実行予算書A

※業務担当者欄　上段:計画　　　工種欄　左側:人工数
　　　　　　　　下段:実績　　　　　　　右側:金額

(単位:円)

業務担当者	工種 単価	01 現状把握		02 測量		03 設計図書の作成		04 打ち合わせ協議		05 照査とりまとめ		計	
主任技術者 (○○ ○○)*	50,000							0.5	25,000	0.5	25,000	1.0	50,000
技師A (○○ ○○)	30,000	0.5	15,000			1.0	30,000	2.0	60,000	0.5	15,000	4.0	120,000
技師B (○○ ○○)	25,000	2.0	50,000			9.0	225,000	2.0	50,000	1.0	25,000	14.0	350,000
技師C (○○ ○○)	15,000	2.0	30,000			16.0	240,000	1.0	15,000			19.0	285,000
技術員 (○○ ○○)	13,000	3.0	39,000			15.5	201,500					18.5	240,500
外注 (見積書による)				1.0	200,000							1.0	200,000
合計		7.5	134,000	1.0	200,000	41.5	696,500	5.5	150,000	2.0	65,000	57.5	1,245,500

（実績値／計画値／人工数／金額 の凡例吹き出しあり）

*:(○○　○○)は実際に担当する技術者名を示す。

G君「これまであまり実行予算書を作ったことがないのに，よく作ることができたね。でも，いくつかの改善点があるよ」。
　H君「どこを改善すればいいの」。
　G君「まずは，設定している工種が少なすぎるよ。街区公園改修の実施設計ということを考えると，工種が『設計図書の作成』だけでは内容がわからないし，技師Aと技師B，技師C，技術員がそれぞれ何の業務をすればよいのかもわからないよ」。
　H君「業務をもっと細分化して，工種ごとに工数を書かないといけないんだね」。

　実行予算書の作成に際しては，受注した「業務」が，どのような「工種」に分類できるかを考えたうえで細分化し，その実施工程を計画する必要がある。業務を細分化した工種に分類しなければならない理由は次の通りである。

①複数のメンバーで業務を実施する場合に，誰にどの工種と作業を担当してもらうかを決めることができる。
②実行予算書をチェックする場合に，細分化した分だけ正確にチェックすることができる。
③業務を始めてからの進ちょくを綿密に管理することができ，常に残業務を把握できる。

　ここで「業務」とは，委託された業務一式をいい，事例では「街区公園改修実施設計業務」を指す。「工種」とは，「測量」，「設計図の作成」，「計算書の作成」などのことで，業務を細分化したものをいう。
　一方，「作業」とは「入力値の決定」，「計算の実施」，「報告書の作成」，「コピー」，「作図」など工種をさらに細分化したものをいう。

（2）外注か社内作業かの判断基準を明確にすること
　　H君「業務を工種に細分化するということ以外に改善点はない？」。
　　G君「業務の外注を計画しているけれど，外注と社内で手がけるのと，どちらがいいのかをどのようにして判断したの？」。

H君「明確な判断基準はないよ」。

業務は，外注する場合と，社内で実施する場合の2通りがある。その判断基準が明確でないと，安易に外注することで原価が高くなってしまう危険性がある。業務を外注する場合の判断基準として次のような内容が考えられる。

①専門性が高く，社内では技術的に実施不可能な工種。
②社内で業務する方が割高になる場合。
③社内の業務が多忙で，納期に間に合わせるために必要な場合。

（3）外注する場合でも自社歩掛かりを基に積算すること

G君「業務を外注するにしても，その金額の妥当性が不明確だね」。
H君「外注先からの見積もりを基に交渉した数値を，実行予算書に記載したんだけれど，それではダメなの」。
G君「まずは社内の歩掛かりを基にして積算することが重要だ。そのうえで，自社の積算結果と外注先の見積もりを比較する必要がある」。

効果的に業務を外注することによって原価を低減することができる。しかし，安易に外注金額を決めてしまうと，原価高騰の原因になる。外注単価を取り決める場合には，以下の三つの点に留意しなければならない。

①業務を工種と作業とに細分化して，どの工種やどの作業を外注するかを明確にすること。つまり外注する業務の範囲を明確にする。
②外注する業務を決めるだけでなく「管理業務」も明確に。つまり，外注した工種の照査をどこまで外部委託するか，中間報告のタイミングなどを明確にしておくこと。
③事前に自社の歩掛かりによって積算し，その金額をベースに交渉すること。

ここまで，業務を工種として見える形にすることや外注する際の注意点など

第4章 設計業務にも不可欠な原価管理

を述べてきたが，もう一つの重要なポイントは「人」である。

（4）業務実施者を能力に応じて適切に役割分担すること

H君「G君からの指摘を基にして実行予算書を修正したよ。これでどうだろう（**表4-2**）」。

G君「工種に細分化できたね。それに外注業務もなくしたようだ。ところで，技師Aと技師B，技師C，技術員への作業の割り振りはどのように考えたんだい？」。

H君「僕が技師Bで主担当なので，まずは自分ができる作業を計画して，それ以外の作業を他の技師にお願いする形で計画したんだ」。

G君「それが本当に効率的で効果的な計画だろうか」。

受注した業務を工種に細分化した後，その工種を実施する場合の具体的な作業内容に分類して，効果的に作業を分担しなければならない。各担当者の

表4-2●実行予算書B
※業務担当者欄　上段:計画　　　工種欄　左側:人工数
　　　　　　　　下段:実績　　　　　　　右側:金額

業務担当者	工種 単価	01 現状把握		02 測量		03 公園実施設計図 の作成		04 既設施設撤去 設計図の作成	
主任技術者 (〇〇　〇〇)*	50,000								
技師A (〇〇　〇〇)	30,000	0.5	15,000			1.0	30,000		
技師B (H)	25,000	5.0	125,000	0.5	12,500	15.0	375,000	1.0	25,000
技師C (〇〇　〇〇)	15,000	1.0	15,000	2.0	30,000	3.0	45,000	2.0	30,000
技術員 (〇〇　〇〇)	13,000	1.0	13,000	3.0	39,000	3.0	39,000	2.5	32,500
合計		7.5	168,000	5.5	81,500	22.0	489,000	5.5	87,500

*:(〇〇　〇〇)は実際に担当する技術者名を示す。

能力だけではなく，コストに応じた作業を明確にしなければ原価低減することはできない。作業の分担時には，以下の点に心がける必要がある。

①自社の技術者の能力とコストの関係を明確にしておくこと。明確にすることで原価低減できるだけでなく，技術者の育成計画も立案できる。
②作業完了後，能力とコストに応じた成果が出ているかを評価すること。
③上司（照査技術者）のチェックを実行予算書に組み込むことによって，適切な段階で照査を実施し，品質の確保とともに手戻りによる原価増を防ぐこと。

（単位:円）

05 数量計算書の作成		06 設計書の作成		07 打ち合わせ協議		08 照査とりまとめ		計	
				0.5	25,000	0.5	25,000	1.0	50,000
				1.0	30,000	0.5	15,000	3.0	90,000
4.0	100,000	5.0	125,000	3.0	75,000	1.0	25,000	34.5	862,500
2.0	30,000	2.0	30,000	1.0	15,000			13.0	195,000
1.0	13,000							10.5	136,500
7.0	143,000	7.0	155,000	5.5	145,000	2.0	65,000	62.0	1,334,000

※H君に業務が集中している

第4章　設計業務にも不可欠な原価管理

　実際には，**表4-3**に示したような実行予算書を作ろう。これはG君のアドバイスを基にしてH君が作成した実行予算書だ。工種を細かく計画しており，作業を担当する人員の配置が適切になるように計画している。その結果，当初作成した実行予算書より原価を低減することができた。

　このように同じ案件の業務でも，実行予算書の作成者によって原価は大きく異なる。まずは，自社の実行予算書の作成基準をまとめて，社内でチェックし合える体制をつくることが大切である。

表4-3●実行予算書C
※業務担当者欄　上段:計画　　　工種欄　左側:人工数
　　　　　　　　下段:実績　　　　　　　右側:金額

業務担当者	工種 単価	01 現状把握		02 測量		03 公園実施設計図の作成		04 既設施設撤去設計図の作成	
主任技術者 (〇〇　〇〇)*	50,000								
技師A (〇〇　〇〇)	30,000	0.5	15,000			1.0	30,000		
技師B (H)	25,000	2.0	50,000	0.5	12,500	5.0	125,000	1.0	25,000
技師C (〇〇　〇〇)	15,000	2.0	30,000	2.0	30,000	8.0	120,000	2.0	30,000
技術員 (〇〇　〇〇)	13,000	3.0	39,000	3.0	39,000	8.0	104,000	2.5	32,500
合計		7.5	134,000	5.5	81,500	22.0	379,000	5.5	87,500

*:(〇〇　〇〇)は実際に担当する技術者名を示す。

まとめ

業務の実行予算書を作る際の注意点
・業務はできるだけ細分化した工種に分類し，工程を明確にしておく
・業務を外注するか，または社内で実施するかの判断基準を自社で定めたうえで，外部に委託する
・外注コストを決める場合，事前に自社の歩掛かりによって積算し，正確な原価を把握しておく
・業務の実施者を能力に応じて適切に役割分担し，業務終了後に評価することで人材も育成する

業務分担を見直した

(単位:円)

05 数量計算書の作成		06 設計書の作成		07 打ち合わせ協議		08 照査とりまとめ		計	
				0.5	25,000	0.5	25,000	1.0	50,000
				2.0	60,000	0.5	15,000	4.0	120,000
1.0	25,000	2.0	50,000	2.0	50,000	1.0	25,000	14.5	362,500
3.0	45,000	3.0	45,000	1.0	15,000			21.0	315,000
3.0	39,000	2.0	26,000					21.5	279,500
7.0	109,000	7.0	121,000	5.5	150,000	2.0	65,000	62.0	1,127,000

2 業務管理台帳で粗利益を改善

　設計業務に従事するG君とH君が，実行予算書の通りに業務を実施できているかをチェックしている。

H君「業務がちょうど中間点にさしかかり，原価の状況を調べようと思っているんだ。あといくらでできるかを把握するにはどうすればよいのだろう」。

G君「正確に原価データを把握してこそ，確実な改善策を立案できる。まずはデータの分析手法を考えてみよう」。

表4-4●「○○広場整備設計業務」の人件費等業務予算・執行実績照査表

※業務担当者欄　上段:計画　下段:実績　　工種欄　左側:人工数　右側:金額

実行予算書

業務担当者	工種単価	01 現状把握		02 測量		03 公園実施設計図の作成		04 既設撤去設計図の作成		05 数量計算書の作成	
主任技術者	50,000										
技師A	30,000	0.5	15,000			1.0	30,000				
		0.5	15,000			0	0				
技師B	25,000	2.0	50,000	0.5	12,500	5.0	125,000	1.0	25,000	1.0	25,000
		3.0	75,000	0.5	12,500	2.0	50,000	1.0	25,000	0	0
技師C	15,000	2.0	30,000	2.0	30,000	8.0	120,000	2.0	30,000	3.0	45,000
		2.0	30,000	2.0	30,000	2.0	30,000	4.0	60,000	0	0
技術員	13,000	3.0	39,000	3.0	39,000	8.0	104,000	2.5	32,500	3.0	39,000
		3.0	39,000	2.0	26,000	3.0	39,000	5.0	65,000	0	0
工種ごとの合計①											
		8.5	159,000	4.5	68,500	7.0	119,000	10.0	150,000	0	0
残業務費②											
		0	0	0	0	15.0	260,000	0	0	7.0	109,000
合計③=①+②		7.5	134,000	5.5	81,500	22.0	379,000	5.5	87,500	7.0	109,000
		8.5	159,000	4.5	68,500	22.0	379,000	10.0	150,000	7.0	109,000

01 → 1人工分オーバー　　02 → 1人工分ダウン　　04 → 予算大幅超過

4-2 業務管理台帳で粗利益を改善

第4章の1でも述べたように，設計業務では見えにくい業務の進ちょく状況と原価を，見える形にして分析することが重要である。

人件費のロスをチェックする

2人が担当している業務内容と進ちょく状況は以下の通りだ。

受託したのは約2500m²の「○○広場整備設計業務」。業務に着手して2カ月が経過し，出来高は20％。現状把握と測量，既設の構造物を撤去するための設計図の作成が完了し，公園の実施設計図の作成に着手している。

H君「いま進めている業務について，業務全体の原価の進ちょく状況を示す『実行予算・実施精算書』（**表4-5**）と，人件費の原価の進ちょく状況を

(単位:円)

06 設計書の作成		07 打ち合わせ協議		08 照査とりまとめ		担当者ごとの合計①		残業務費②		累計業務費③=①+②	
		0.5	25,000	0.5	25,000					1.0	50,000
		0	0	0	0	0	0	1.0	50,000	1.0	50,000
		2.0	60,000	0.5	15,000					4.0	120,000
		0.5	15,000	0	0	1.0	30,000	3.0	90,000	4.0	120,000
2.0	50,000	2.0	50,000	1.0	25,000					14.5	362,500
0	0	1.0	25,000	0	0	7.5	187,500	8.0	200,000	15.5	387,500
3.0	45,000	1.0	15,000							21.0	315,000
0	0	0.5	7,500			10.5	157,500	12.5	187,500	23.0	345,000
2.0	26,000									21.5	279,500
0	0					13.0	169,000	10.0	130,000	23.0	299,000
0	0	2.0	47,500	0	0	32.0	544,000				
7.0	121,000	3.5	102,500	2.0	65,000			34.5	657,500		
7.0	121,000	5.5	150,000	2.0	65,000					62.0	1,127,000
7.0	121,000	5.5	150,000	2.0	65,000					66.5	1,201,500

人件費7万4500円オーバー

示す『人件費等業務予算・執行実績照査表』(**表4-4**)を作成してみたんだ」。

G君「どのような手順でそれらを作成したのか説明してくれるかい」。
H君「まずは,原価の大半を占める人件費の実績をまとめた人件費等業務予算・執行実績照査表を作成した。工種ごとの業務実績をまとめた後,残業務費を算出。それらを合計して累計業務費を算出したんだ」。
G君「残業務費を正確に算出することが大切だね」。
H君「この業務を担当している全員に状況を確認して,あと何人工(にんく)

表4-5●実行予算・実施精算書

予算作成日	平成18年9月28日						
予算審査日	平成18年9月30日						
工番	1602	部門	設計部第1課	件名	○○広場整備設計委託業務		
工期	自 平成18年9月25日			契約先名	○○市建設部建設課		
	至 平成19年1月31日			変更納期	平成 年 月 日		
部門業務費	3,700,000	業務出来高		10月①		11月②	
					370,000(10%)		740,000(20%)
No.	科目		実行予算	支出金	予算残	支出金	予算残
1-1-6	人件費		1,127,000	227,500	899,500	316,500	583,000
2-7	業務委託費		150,000	130,000	20,000	0	20,000
2-8	トレース印刷費		80,000	10,000	70,000	10,000	60,000
2-10	旅費交通費		10,000	6,000	4,000	2,000	2,000
2-11	通信運搬費		10,000	2,500	7,500	1,000	6,500
2-12	消耗品費		5,000	1,000	4,000	1,000	3,000
2-18	保険料						
2-19	賃借料						
2-20	交際費						
2-21	会議費						
2-26	手数料						
2-28	補償費						
2-30	雑費						
工事間接費			555,000	55,500	499,500	55,500	444,000
業務原価計			1,937,000	432,500	1,504,500	818,500	1,118,500
粗利益			1,763,000	3,267,500		2,449,000	
原価率			52.4%	11.7%		22.1%	

かかるかを算出した」。

G君「現状把握には1人工多くかかっているけれど，測量は逆に1人工少なくて済んでいるね」。

H君「原価オーバーを取り返すことを心がけて作業したんだよ」。

G君「既設構造物を撤去する設計図の作成については，予算5.5人工に対して実績10人工と大きくオーバーしているけれど，どうしてなの」。

H君「特記仕様書の内容と現地の状況とが異なっていたので，予算を超過してしまったんだ」。

G君「特記仕様書と現地とが異なる事実が判明した時点で，上司に報告しな

(単位:円)

		社長		
			管理技術者	△△△△
			照査技術者	××××
完了日	平成　年　月　日		業務担当チーフ	○○○○

12月③		1月④		残業務費⑤	累計業務費 ⑥=①+②+③+④+⑤
（　　　％）		（　　　％）			
支出金	予算残	支出金	予算残		人件費7万4500円オーバー
				657,500	1,201,500
				0	130,000
				60,000	80,000
				2,000	10,000
				6,500	10,000
				3,000	5,000
					業務委託費2万円ダウン
					粗利益5万4500円ダウン
				444,000	555,000
				1,173,000	1,991,500
					1,708,500
					53.8%

表4-6●第△期　平成○年○月度　業務管理台帳

No.	業務名称	発注者	担当者	当初受託金額①	実行予算金額		
					人件費②	外注費③	経費④
1601	△△測量業務	××××	△△△△	13,400	3,100	3,000	450
1602	○○広場整備設計業務	○○○○	○○○○	3,700	1,127	150	660
1603	県道××線測量設計業務	△△△△	××××	5,000	2,400	230	120
	合計			22,100	6,627	3,380	1,230
	今年度全社目標						

ければいけないよ。そうすれば，設計変更が可能だったかもしれない。今後はこの予算超過金額をカバーできるように業務を進めよう」。

　設計業務の原価の大半を占める人件費の原価の進ちょく管理を綿密にすることは重要だ。特に，原価実績に残業務費を加えた累計業務費を常に把握しておくことが，適切な改善策を講じる際のポイントになる。

実行予算の進ちょくを管理

　人件費の原価の進ちょく状況を示す人件費等業務予算・執行実績照査表を作成した後，全体の原価の進ちょく状況を示す実行予算・実施精算書（前ページの**表4-5**）を作成する。

G君「実行予算・実施精算書について説明してくれるかい」。
H君「月々の実績を記載したうえで残業務費を算出し，それらを合計したものが累計業務費だよ」。
G君「業務委託費が，予算15万円に対して実績は13万円になっているね」。
H君「うん。人件費の原価ロスを取り戻すために，業務委託条件の見直しを行うことで，委託金額を下げることができたんだ」。
G君「単純に業務委託費を下げるのではなく，条件の見直しによって委託先

4-2 業務管理台帳で粗利益を改善

(単位:千円)

合計 ⑤= ②+③+④	粗利益 ⑥=①-⑤	粗利益率(%) ⑦= ⑥÷①×100	変更後 受託金額 ⑧	変更 見込額	支払実績		
					人件費⑨	外注費⑩	経費⑪
6,550	6,850	51.1%	13,600	0	3,400	3,000	650
1,937	1,763	47.6%	3,700	0	544	130	144.5
2,750	2,250	45.0%	4,700	-300	1,100	440	120
11,237	10,863	49.2%	22,000	-300	5,044	3,570	915
			30,000				

外注費23万円→44万円と21万円アップ

次ページに続く

と当社の双方が良い形で原価低減を図ることが重要だよ」。

　業務ごとに毎月,実行予算・実施精算書を作成し,原価の状況を常に監視する必要がある。正確なデータ分析に基づいて,具体的な改善策を立て,着実に実行することで原価低減が可能になる。

会社全体の状況を把握する

　業務ごとの実行予算・実施精算書が完成し,それぞれの原価低減の課題を抽出したら,次に会社全体の業務原価について検討する。**表4-6**に示した「業務管理台帳」は,今期完成予定のすべての業務について,実行予算・実施精算書に記載している金額を一覧表にまとめたものだ。

　業務番号1601は終了しているが,当初の実行予算で考えた685万円の粗利益を確保できず,655万円になった。その原因を追究し,再発防止策を実施することで,次の類似業務に生かす必要がある。

　H君らが手がけている業務番号1602は,前述のように実行予算上の計画粗利益額176万3000円,同粗利益率47.6%に対して予想粗利益額が170万8500円,粗利益率が46.2%となっており,後半の作業工程の見直しなどの改

表4-6● 第△期　平成○年○月度　業務管理台帳（前ページの続き）　　　　　　　　　　（単位：千円）

残業務予定金額			合計業務金額			
人件費⑫	外注費⑬	経費⑭	合計⑮＝⑨＋⑩＋⑪＋⑫＋⑬＋⑭	粗利益⑯＝⑧－⑮		粗利益率(%)⑰＝⑯÷⑧×100
0	0	0	7,050	6,550		48.2%
658	0	515.5	1,992	1,709		46.2%
1,100	0	10	2,770	1,930		41.1%
1,758	0	526	11,812	10,189		46.3%
				13,500		45.0%

> 予算段階での粗利益685万円に対して30万円ダウン

> 累計人件費240万円→220万円と20万円ダウン

> 予算段階での粗利益176万3000円に対して5万4500円ダウン

> 今年度の全社粗利益目標1350万円に対して現在は1018万9000円の進ちょく

善が必要だ。

　業務番号1603では人件費が20万円減少しているが，業務委託費用は逆に21万円増えている。業務委託方法に問題があることがわかる。

　さらに，会社全体で目標とする粗利益1350万円と実績粗利益との差を常に意識しなければならない。原価管理の最終目標は，全社の粗利益目標を確保することだからだ。全社で力を合わせて粗利益の目標を達成するために，原価情報が正確で，かつだれでも見えるようにすることが必要だ。

まとめ

人件費に関する課題を事前に把握

・設計業務の大半を占める人件費について，業務を細分化した工種ごとに実績と残業務費を算出することで，課題を事前に把握できる
・明確になった課題を基に，改善策を早期に実施することが重要
・会社全体の原価集計が正確で，かつだれにでも見えるようにすることで，全社の粗利益目標と実績との差を常に意識する

コラム "えびせんべい"を食べさせるな

みなさんが小学生になったつもりで読んでほしい。

目の前に, お皿に山盛りのえびせんべいがある。おかあさんからは, このえびせんべいは食べてはいけないと言われている。あなたは最初, おかあさんの言いつけを守り, 食べずにいる。しかし, だんだんおなかがすいてきて, 「えびせんべいは山盛りになっているのだから, 一つくらい食べてもおかあさんは気づかないだろう」と考え, 一つ食べてしまった。

そのえびせんべいがとてもおいしいのだ。しかも思った通り, おかあさんはつまみ食いしたことに気づかない。「やめられない, 止まらない」というCMが昔あったが, その名の通り「もう一つくらいいいか」とあなたは考え, もう一つ食べてしまった。その後は本当に「やめられない, 止まらない」となって次から次へと食べてしまった。

少し食べただけでは, おかあさんは気づかなかったが, たくさん食べるとえびせんべいを盛った形が変わり, とうとうおかあさんに見つかってしまった。そして, こっぴどく怒られてしまった。

私は, 原価管理の甘い職場では, このえびせんべいのような状態が起きていると感じている。顧客や協力会社と直接コストについてやりとりする場合, 従業員にとっては山盛りのえびせんべいが目の前にあるのと同じだ。社長からは当然, その現金には手を付けてはいけないと言われている。

従業員は, 最初は社長の言いつけを守って手を付けないが, 月末で自分のお金がなくなってしまったり, どうしても欲しいものが貯金で買えなくなったりしたとき, その現金につい手を付けてしまいかねない。

そのときに社長や経理担当者が気づき, 注意されるとそこでやめるが, 誰も気づかないと, 着服が「やめられない, 止まらない」状態となってしまう。そして, かなりの金額の着服がなされた後, ようやく会社が気づき, その従業員は会社を辞めざるを得なくなり, 社長は大切な社員を1人失う。

私は, もしもこのようなことが起こったとすれば, 社長の責任だと思っている。従業員が悪くないとは言わない。しかし, 目の前に山盛りのえびせんべいを置いて無管理状態だと, 普通の人は手を付けてしまうものだと考えたほうがよい。
社員が悪い心を起こすような原価管理をしている社長が悪いのだ。

第5章
「報連相」が原価に与える影響

1 報連相の定義と基本を押さえよう
2 報連相で業績アップ

1 報連相の定義と基本を押さえよう

B君「『ホウレンソウが悪いから利益が出ないんだ。もっとしっかりホウレンソウをやれ』といつも社長や部長は言うけれど，具体的に何をすればいいんだろう。自分ではしっかりやっているつもりなんだけど」。
A君「報連相は基本的なことだけに，かえって難しいね」。
B君「だいたいホウレンソウって何」。
A君「昔，『ポパイ』という漫画があり，主人公のポパイは『ほうれん草』が大好物だったんだ。そして，ほうれん草を食べるとたちまちパワーがみなぎり元気になるんだよ。ホウレンソウは，ほうれん草と同じで元気の源だ」。
B君「ホウレンソウをやれば元気がでるの？」。
A君「ホウレンソウとは報告，連絡，相談を省略したもの。食べ物のほうれん草とは違うけれど，きちんと行うとパワーがあふれ，元気になるという点では共通しているよ」。
B君「社員みんなにパワーがあふれ，元気に仕事をすると利益が出るってことだね」。

報連相の定義

現場で起こる「利益が出ない」，「工程が遅れる」などの様々な問題の80％はコミュニケーションの不足に起因しているといわれている。コミュニケーションの基本が，報連相（報告，連絡，相談）だ。この三つの言葉の定義を理解して行動することが，コミュニケーション促進の第一歩になる。
　まずは，以下の演習に答えてほしい。

> **演習** 報連相とはそれぞれ誰に対して何を伝えることなのか
> 報告，連絡，相談のことを報連相という。それぞれ誰に対して，何を伝えることなのか答えよ。

　報連相の定義を考えるときには，誰に対して何を伝えるのかということが基本になる。

5-1 報連相の定義と基本を押さえよう

　普段は無意識に報連相という言葉を使っているだろうが，それぞれの意味を意識して用いることが必要だ。例えば，「私は『報告』はしているが，『連絡』が苦手だ」「部下のA君は『相談』のタイミングに問題がある」というように課題を分類して考えることができる。
　三つの定義は**表5-1**のように整理できる。

表5-1●報連相の定義

	誰に伝えるのか	何を伝えるのか	コミュニケーションの分類
報告	指示や命令，依頼をした人に対して	指示や命令，依頼に対する返答を伝える	義務的コミュニケーション
連絡	関係者全員に対して	相手に対して伝えたほうがよいと思うことを伝える	自主的コミュニケーション
相談	信頼関係のある人に対して	自分が聞いてほしいと思うことを伝える	相互信頼的コミュニケーション

　以下に，それぞれの意味をもう少し詳しく説明しよう。

必ず返すのが報告

　「報告」とは指示や命令，依頼をした人に対して，その返答をすることをいう。**図5-1**に示すように，言葉のやり取りをボールに例えると，指示や命令をした人（例えば上司）が投げたボールを，指示や命令をされた人がキャッチする。その後，そのボールを投げ返すことが，「報告」だ。投げられたボール（指示や命令）を返さないと，キャッチボールが成立しない。したがって，ボールを受けた人は必ず，投げ返す（報告する）義務がある。
　このため，「報告」は「義務的コミュニケーション」という。

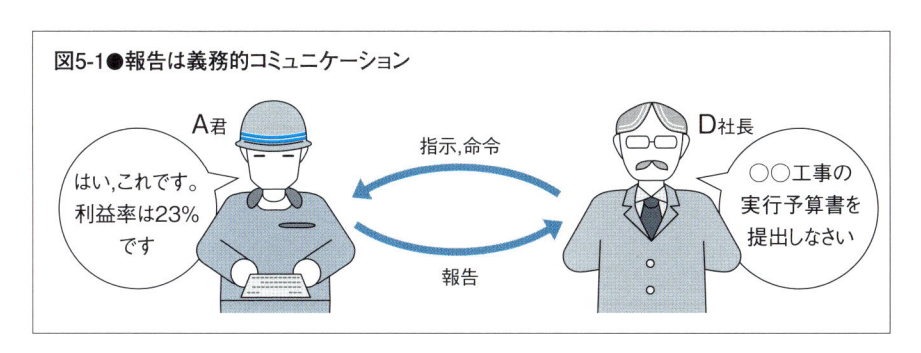

図5-1●報告は義務的コミュニケーション

「報告」が不十分であれば，仕事が前に進まない。工事はチームワークで仕事を進めるので，指示や命令に対する「報告」がなければ，リーダーは自信を持って仕事を前に進めることができなくなる。そうなると利益を出すどころの話ではなくなり，工事を完成させることさえ難しいだろう。さらに，工期が延びれば原価も増え，利益が出なくなる。そのような事態を招かないためにも，十分な「報告」が必要なのだ。

報告の際に注意すべき三つの禁句

「報告」は義務的コミュニケーションなので，指示や命令を受ければ必ず実施しなければならない。しかし，「報告」の仕方が原因で問題が発生する人は，指示や命令に対して以下の三つの禁句を言いがちである。逆に言えば，以下の言葉を使わないようにするだけで，原価を下げることができる。

(1)「わかりません」(指示や命令の意味が理解できないという意味)

指示や命令の意味が理解できないのであれば，理解できるまで確認しなければならない。理解しないまま作業を進めることで手戻りによる無駄なコストが生じている。理解できるまで聞くという姿勢が大切だ。

(2)「聞いていません」(指示や命令を受け付けませんという意味)

情報が共有できるよう伝えていても，どうしても伝わっていないこともあるだろう。「聞いていません」というのは，「自分から情報を得るようにしていません」という消極的な意味が含まれているので，この言葉を多用する人は，手待ちによる無駄なコストを使っている。

(3)「知りません」(私は勉強していませんという意味)

「知りません」ということは「私は勉強していません」ということだ。勉強するということは，知識を身に付ける努力をするということ。つまり「知りません」と言う人は，日々の努力をしていないといえる。「無知は人生に壁を作る」という言葉があるが，まさに壁を作っており，原価低減をするには程遠い。

自主的に判断して連絡

「連絡」とは，関係者全員に対して，相手に伝えたほうがよいと思うことを伝える行為である。**図5-2**を見てほしい。例えば，A君の携帯電話に顧客のEさんから電話が入ってきたケースを想定しよう。

Eさん「Aさん，水漏れがしています。なんとかしてください」。
A君「はい，わかりました。午後1時に伺います」。**=報告**
さらにA君は次のように「連絡」した。
A君「D社長，お得意様のEさんのお宅で水漏れが発生しました。午後1時に伺ってきます」。**=連絡**
さらに，
A君「職人のFさん，Eさんのお宅で水漏れが発生しました。まずは，私が現場の様子を見てきますから，すぐに行くことのできる体制を整えておいてください」。**=連絡と指示**
そして，
A君「総務部のGさん，お客様のEさん宅で水漏れが発生しました。Eさんからお電話があれば，まずはおわびをしてください」。**=連絡と指示**

このように，誰に情報提供するかは本人に委ねられている。誰がこの情報を

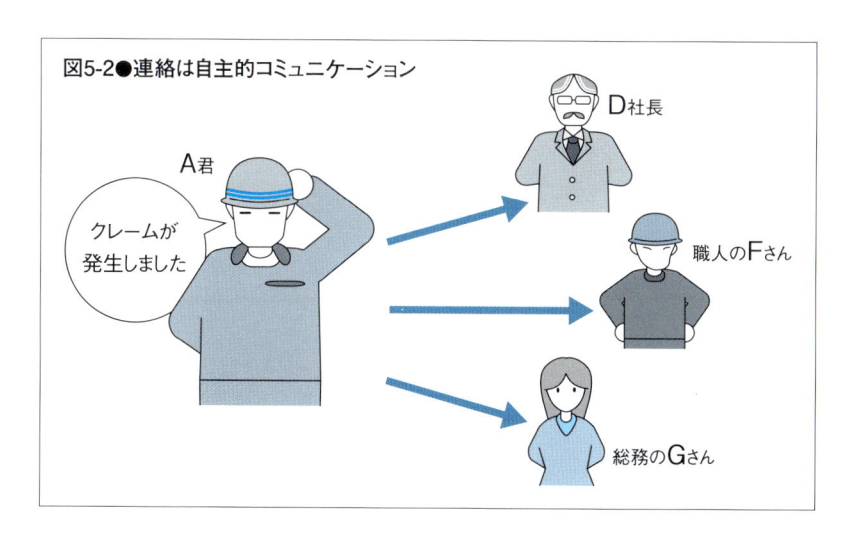

図5-2●連絡は自主的コミュニケーション

欲しているのか，誰にこの情報を提供するとスムーズに進むのかを自主的に判断しないといけない。したがって，「連絡」は「自主的コミュニケーション」という。

　一方，B君は「連絡」が不十分だったので，次のような状況になってしまった。

Eさん「Bさん，水漏れがしています。なんとかしてください」。
B君「はい，わかりました。午後1時に伺います」。**＝報告**
B君は，ほかの誰にも「連絡」せずに現場に向かった。その後‥‥

B君「職人のFさん，あした現場に行っていただけませんか」。
Fさん「そんなに急に言われても行けないよ。来週しか無理だよ」。
B君「部長，困りました。Eさん宅の水漏れのクレームに対応できる職人さんがいません」。
部長「クレームがあったときにすぐに連絡してくれていれば，対応方法を協議できたのに，今さら手遅れだ」。

そこに，総務部のGさんから電話が入り，
Gさん「先ほど，お客様のEさんからお電話があり，『あの件，いつになったら対応してくれるんだ』と言われたので，『何のことでしょうか』と答えてしまいました。そうすると一層，お怒りになり，社長を出せと言われています」。

　こんな状態になれば，職人さんを探すコスト，突貫工事の追加コスト，顧客に謝りに行くコストなどがかかり，利益を圧迫してしまう。

確認を怠れば単なる「発信」
　先のB君の例から連絡の大切さがわかるが，以下の演習を基に，連絡する際の注意点などを改めて考えてみよう。

> **演習** 一方的な連絡にならないために
>
> 　「連絡」は自主的コミュニケーションである。自主的であるからこそ，一方的になりがちだ。一方的な「連絡」にならないためには，どうすればよいのだろうか。

　一方的な「連絡」とは，電子メールが典型的な例である。一方的にメールを送りつけて，そのメールを読んでいないと怒り出す人がいる。「連絡」の受け手の状態や緊急度を理解して，連絡手段を選ばないといけない。面談や電話，メールなど，どの方法がもっとも適切かを判断しないと一方的になってしまう。

　一方的な連絡にならないために必要なことは，「確認」だ。連絡と確認とは，一対のように行わないといけない。連絡が届いているかどうかを確認していなければ，それは「連絡」とはいわず，「発信」という。相手に届いていて初めて「連絡」というのだ。

　　部長「B君，○○工事の工程が早まった件は，資材商社○○商会のCさんに
　　　　　連絡してくれたかい」。
　　B君「はい，すぐにメールを送りました」。
　　部長「Cさんからの返答はあったのか？」。
　　B君「いいえ，何もありません」。
　　数日して‥‥‥
　　部長「B君，Cさんから返答はあったのか？」。
　　B君「いいえ。まだでしたのでCさんに電話しましたら，今週は休暇をとっ

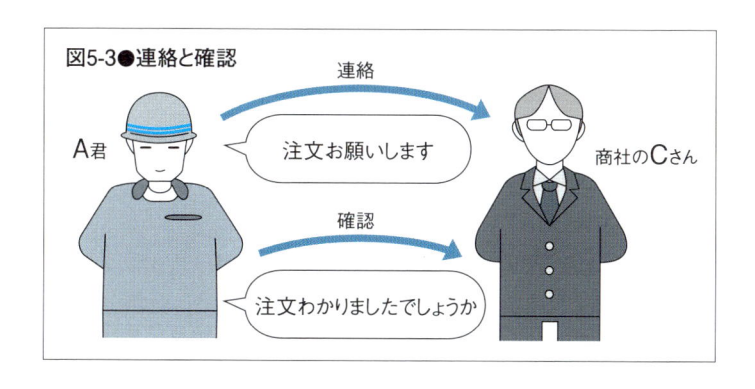

図5-3●連絡と確認

A君　──連絡──→　商社のCさん
　　　「注文お願いします」

　　　←──確認──
　　　「注文わかりましたでしょうか」

ているとのことです。資材の納期には間に合わないそうです」。

部長「いまさら何を言っているんだ。どうして連絡した後に，その確認をしないんだ。資材が現場に入らないと職人が仕事できないじゃないか。手待ちが発生するぞ」。

相談するのは信頼する人や尊敬する人

　困ったことや問題が発生したときには，上司やそのことに詳しい人や専門家に「相談」したいと思うもの。しかし，誰にでも相談するわけではない。では，どんな人に相談するのだろうか。

　それは，信頼する人や尊敬する人であろう。相談しても回答が期待できない人や相談そのものを受け付けてもらえない人には，決して相談はしない。さらに，信頼や尊敬をしていないと，相談に対する回答を素直に受け入れられなくなるものだ。よって，相談する人と相談される人との間には，互いに相手に対する信頼がなくてはならない。

　このため，「相談」は「相互信頼的コミュニケーション」という。

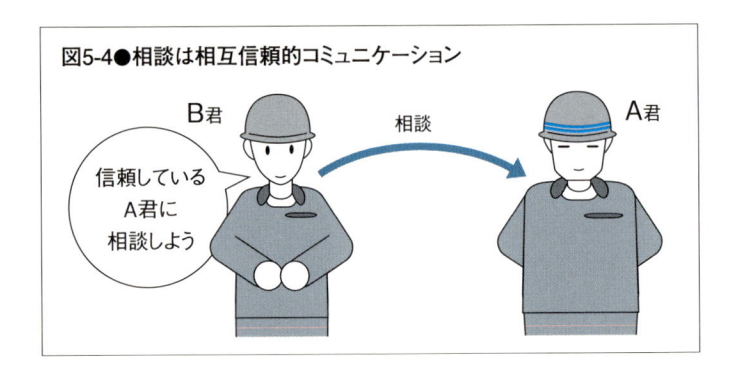

図5-4●相談は相互信頼的コミュニケーション

B君：信頼しているA君に相談しよう → 相談 → A君

演習　「相談」がうまくいかないときとは

「相談」がうまくいかないのは，相談を受ける側に責任があることが多い。相談を受ける側がどのような状態にあるときに，「相談」がうまくいかないのだろうか。

　「相談」がうまくいかないと以下のような状況になる。顧客のEさんからクレームの「連絡」が入ったところから始めよう。

Eさん「Bさん，水漏れがしています。なんとかしてください」。
B君「はい，わかりました。午後1時に伺います」。**＝報告**

B君は，工事部長に対応の相談をしようとする。
B君「工事部長，Eさんから水漏れのクレームがありました。どのように対応すればよろしいでしょうか」。**＝相談**
工事部長「そんなことは自分で考えろ。私は忙しいんだ」。

数日して‥‥
工事部長「B君，Eさんのクレームはどのように処理したんだ？」。
B君「いつもの職人さんの手配ができなかったので，外注の会社に頼みましたら，予算をオーバーしてしまいました」。
工事部長「どうして相談しないんだ。ほかの職人さんを当たってあげたのに」。
B君（相談したのに，聞いてくれなかったじゃないか‥‥）

これでは，無駄な費用ばかりかかってしまい，顧客の信頼も得られなくなる。「相談」がうまくいかない場合，相談を受ける側の問題点は三つある。
　①相談すると怒る。
　②相談に対して答えられない。
　③相談したいときにそこにいない。

　上記の事例では「①相談すると怒る」が，「相談」がうまくいっていない理由だ。相談を受けることが多い人は，注意したい。

指示や命令は報告と一対

　「報告」とは，「指示，命令」に対する返答なので，「報告」と「指示，命令」とは一対である。上位者から下位者に対して指示や命令をし，それに対して，報告するのだが，指示や命令が不十分なために正しく報告できないことが多い。

> **演習** 作業内容の説明がうまく伝わらないときの対策は
>
> あなたは工事管理者として，作業内容を作業者に伝えている。しかし，話した内容が正確に伝わらず，現場で作業のやり直しになることが多い。あなたは，以下の三つのうち，どの対策を立てるか。
> ①図面や書面で伝達する。
> ②現場のリーダーである職長を通じて伝える。
> ③作業者に作業の目的を伝える。

まずは，簡単な事例を踏まえて説明しよう。例えば，夫が妻に「うどんを作ってほしい」と言えば，妻はうどんを作る。妻が一生懸命作っても，夫は「なんだか物足りないな」などということになる。

しかし，夫が「あしたから忙しくなるので，今日はスタミナをつけたいな」と言えば，妻はスタミナのつくものをいろいろと考え，おもちの入ったうどんや焼き肉などを作る。そうすると夫は，「スタミナがついたよ。あしたからがんばるよ」ということになる。

この二つはどう違うかと言えば，前者は食べたい物を具体的に伝えているのに対して，後者は食べたい目的を伝えている。相手に目的が伝わると，その人は自主的に考えてその目的を達成しようとするわけだ。

したがって，演習の解答は③である。

①や②も，もちろん大切だ。しかし，作業内容をいくら具体的に詳しく伝えても，作業者は伝えたこと以上のことは行えない。これに対して，目的が作業者に伝わると目的を達成するために，自主的に物事を考えて行動する。

指示や命令の定義は以下のようになる。

指示＝業務の目的や意味，重要性を伝える。
命令＝行動を具体的に命じる。

指示と命令の意味を知り，正確に使うことで，無駄な作業をなくすことができ，原価を低減することができる。

情報の共有化で効率を高める

B君「いろいろな現場があるけれど,気持ち良く働ける現場と,なにかギクシャクしている現場があるね」。

A君「そうだね。働く人が気持ち良く働くことができると能率が良く,結果として利益も上がるよ」。

B君「雰囲気が現場によって異なるのは,何が原因なんだろう」。

A君「現場内で情報の共有化ができているかどうかは,大きな要因だね」。

B君「情報の共有化?」。

A君「現場のトップの考えが職場全員にすぐに伝わり,さらに最前線で働く人たちの声が,トップにすぐに伝わることだよ。全員が知っているべき情報が早く,正しく全員に伝わることも情報共有化のポイントだね」。

B君「どうすれば,そんな現場になるんだろう」。

伝えたつもりでもきちんと伝わっていなかったために,余分なコストがかかってしまうことが多い。荷降ろしの場所が違ったり材料の品番が違ったりすると,作業の手待ちが発生し,工程が延びたり,顧客に迷惑をかけたりする。

同じ職場で働く人たちが情報の共有化によって気持ちを一つにして働くことができれば,効率が良くなるし,なにより気持ち良く誇りを持って働くことができる。

> **演習** 情報の共有化の程度を分類すると
>
> 情報の共有化が進んでいる組織と,そうでない組織とがある。それを四つの段階に分けるとどのような違いがあるのだろうか。

情報の共有化の程度は,以下の**表5-2**のように整理できる。

表5-2●情報の共有化の程度

レベル0	事実情報が共有されていない
レベル1	事実情報が共有されている
レベル2	事実とともに目的も共有されている
レベル3	心がそろっている

レベル0は，事実さえ共有されていない状態だ。図面の内容や工程などが知らされていない。「命令」がされていないか，命令されていてもそれが伝わっていない状態だ。

　レベル1は，事実は伝わっている。本日の作業の内容などは伝わっている状態だ。「命令」がされていて，それが正確に伝わっているといえる。

　レベル2は，事実に加えて作業の目的や意味が伝わっている。つまり，「指示」がなされている。作業の目的が伝わっているので，目的に沿った内容で自主的に作業が行われており，作業者が生き生きと働いている。一つひとつ具体的に「命令」されなくても，自ら考えて行動することができるようになるのだ。

　レベル3は，言葉に出さなくてもわかる状態だ。あうんの呼吸で作業が進み，お互いに尊重し合って作業している。心がそろっているともいえる。表情を見ただけで，相手が何を考えているのか，どんな気持ちなのかがわかるレベルである。このレベルになると，現場に行くことが楽しく，働くことも楽しくて仕方のない状況になる。

　では，どうすればレベル0やレベル1の状態をレベル3にすることができるのだろうか。施工管理をしているA君とB君，C君の以下の言動を通じて考えてみよう。

　現場で工程が間に合わなくなる恐れが出てきた。大切な部品が見当たらなくなったのだ。新しく納入すると日数も費用もかかる。工期と原価を守るためにはなんとしてもその部品を捜して見つけないといけない。

現場監督C君の場合
　「大変だ。工程が間に合わないぞ。急いで部品を見つけよう」。C君は，自分で走って現場に向かい，捜し始めた。現場が広いので，1人で捜しても部品は見つからない。

現場監督B君の場合

「皆さん，集まってください。形状は○○で，寸法は△△で色は□色の部品を捜してくれませんか。皆さんにその部品の図面を渡すので見つかったら教えてください」。

しかし，作業者は自分の仕事が忙しいので部品捜しをやる気がなく，大して捜しもしないで「ありません」と答えた。

現場監督A君の場合

「皆さん，聞いてください。皆さんも知っているようにこの現場は介護施設になります。あと3カ月で完成し，お年寄りや体の不自由な方々が入居されます。入居予定者は建物が完成することを，首を長くして待っているそうです。ですから何が何でも工期を順守しなければなりません。ところが，問題が発生しました。X工程で使用する予定の部品が見当たらないのです。これからX工程の班長にその部品の説明をしてもらいます。みんなで力を合わせて工程を順守できるよう，協力してください」。

班長の説明の後，

「皆さん，質問はないですか」とA君。すると，「捜すよりも新たに購入した方がよいのではないですか」と作業者から質問があった。

「製作時間がかかるので購入することはできないのです」と説明するA君に対し，「やみくもに捜すよりもみんなで役割分担して捜した方がよいのではないですか」と別の職長。「では私が，分担を決めましょう」とさらに別の職長。

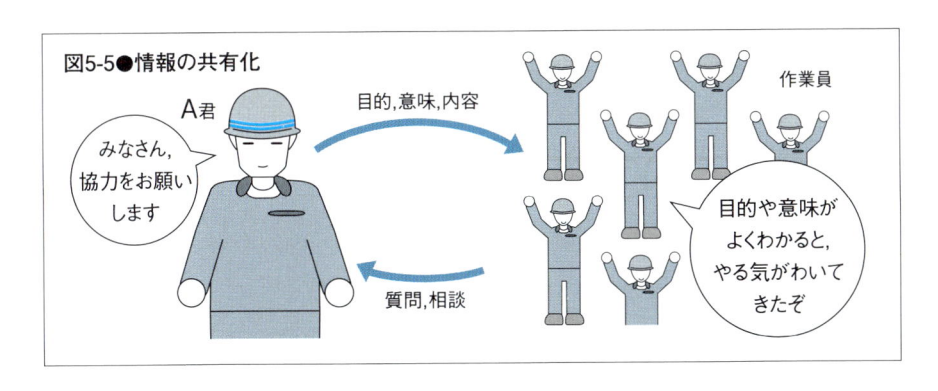

図5-5●情報の共有化

「では，みんなで頑張って見つけようぜ。オー」。

そして数分後，
「皆さん，協力ありがとうございました。おかげさまで部品が見つかりました。工程を守ることができて，入居予定者もさぞ，喜んでいただけることでしょう。私も協力的な皆さんと一緒に仕事ができて，誇らしい思いです」。

この事例のように，管理者がその目的や意味を十分に伝え，発言や行動に結び付けることが，情報の共有化を進めるためにはなにより大切だ。言葉や図で知らせるだけでなく，同じ意識で共に行動することが必要なのだ。

「For, With, In」という言葉がある。
「For＝〜のため」に働くというレベルではなく，「With＝〜と一緒」に働くレベルに，そして「In＝〜と一体化」して働くというレベルになってこそ，職場の心がそろうのだ。そうなれば，結果として無駄なコストを使わずに済み，利益が上がる高収益の現場をつくることができる。

まとめ

報連相は原価低減の基
・指示や命令に対する返答である「報告」は組織人の義務だ
・「連絡」は自主的な行為であるだけに個人差が大きく，その不足が原価のロスにつながる場合が多い
・「相談」不足の原因のほとんどは相談の受け手側の問題
・目的を明確に伝えることが，社員などの自主的な行動を促す

コラム　ぴんときたら報連相

　私は，企業で「報連相セミナー」を開催することがある。その際，いつも寄せられる質問に，以下のようなものがある。

　質問　誰にどの程度の情報を『連絡』すればよいのかが，判断できない。
　解答　「連絡」しようかどうかと迷ったのなら（ぴんときたのなら），迷わず連絡すべきだ。その，ぴんとくる感性が「報連相」には欠かせない。
　質問　部下が私に「相談」せずに実行して，後で問題になってから「報告」に来るので困っている。
　解答　部下が「相談」しないのは，あなたから部下への「報告や連絡」が少ないのが原因だ。部下は，「相談しようと思っても，外出ばかりで席にいない。相談しても話を聞いてくれない。相談しても明確な返答をしてくれない」と思っている。
　質問　命じたことしか部下が実行せず，創造性を発揮しない。
　解答　あなたの仕事の伝え方が，「指示」ではなく「命令」になっていることが原因。

　報連相とは，必要な情報を必要な人に伝えることだ。この必要性の判断基準が様々であるために，組織内で問題が発生する。あなたにとって必要でない情報も，人によっては必要となる。一方，その逆の場合もある。

　報連相を的確に行うためには，ぴんとくる能力が必要だ。

　「ちょっと相談したいなあ」と思ったときに，いつも目の前に現れる上司がいる。「あの件どうなったかなあ」と思ったときに，「報告」に現れる部下がいる。「声が聞きたいなあ」と思ったときに，電話のかかってくる人がいる。
　このような人には，ぴんとくる能力があるのだ。

　「いやあ，私にはぴんとくる能力が欠けているなあ」という方。そういう方には，とっておきの名案をお伝えしよう。

　特に用事のない人に「面談や電話，メール，はがき」を実施することだ。用事がないので，電話にしてもはがきにしても，相手のことを考えないことには書いたり話したりできない。

コラム

「用事がある→面談や電話, メール, はがき」の流れではなく, 「面談や電話, メール, はがき→用事を考える」と逆にするのだ。

「特に用がないけれど, 電話しました」という言葉に, 人はクラっとくるものだ。

あるすし屋さんの店長は, 次のように話す。「良い職人と悪い職人の違いは腕がいいかどうかではなく, ぴんとくるかどうかだ」。

「どういうことですか」と私が聞くと, 「良い職人はお客様があがり（お茶）を飲んでいるところを見て, 茶わんの角度から飲み干したと判断すると, ぴんときて『あがり, おかわり一丁』と言うんだ。悪い職人はお客様が欲しいと言うまでおかわりを出さない。ぴんとくる能力は職人, いや人間にとって大切な能力だね」。

ぴんとくる気づきの能力を育成したい。

2 報連相で業績アップ

B君「報連相をしっかりやらないと無駄が増えて，コストも増えることが実感できたよ」。

A君「そうだね。日々の報連相がいかに大切かということがよくわかったね」。

B君「でも具体的にどのように報連相を行えば，原価を低減することができるのだろう」。

A君「方法には大きく二つあるんだ。一つは『仕組みの改善』だ。これはシステムの改善ともいうよ」。

B君「仕組み？システム？」。

A君「報連相のやり方を変えるということだよ。そしてもう一つは，『作業・活動の改善』なんだ。これはプロセスの改善ともいうんだ」。

B君「何だかよくわからないなあ」。

A君「では釣りに例えよう。今までよりもたくさんの魚を釣れるようにするために，まず『仕掛け』を変える。針の形や数，えさの種類や量のことだ。次に，『仕掛け』にかかった魚を間違いなく釣り上げることができるように，『引き上げ方を工夫』する。そして，それを繰り返し『トレーニング』する。『仕掛け』のことを『仕組みの改善』といい，『引き上げ方の工夫』や『トレーニング』を『作業・活動の改善』というんだ」。

職場で発生する問題の原因の80％は，報連相が原因であると第5章の1で述べた。つまり報連相が良くないことで，現場の利益を圧迫しているということになる。

この章の2では，報連相を意識して実行することで，いかにしてもうける組織をつくるかについて解説する。

もうけるとは

業績アップの3要素と3原則について，それぞれ第1章で説明した。業績アップの3要素は変動費，固定費，売上高であり，さらに業績アップの3原則として

以下の3点が挙げられる。
　①変動費の削減。
　②固定費の削減。
　③売上高の増加。

　業績アップの3原則に基づいて、業績アップの3要素をどのようにコントロールするかを戦略的に考えることこそが、経営であるといえる。

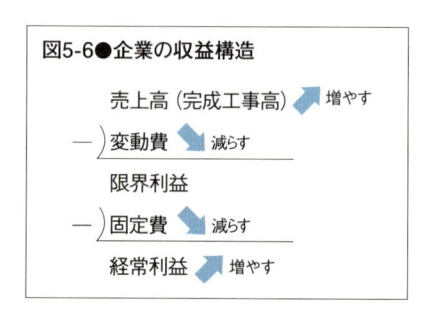

```
図5-6●企業の収益構造
　　売上高（完成工事高）　増やす
－）変動費　減らす
　　限界利益
－）固定費　減らす
　　経常利益　増やす
```

　以下では、この3原則と3要素に着目し、報連相を活性化することでどのようにして業績を上げることができるかをお伝えする。

報連相が原因で利益を喪失しているパターン

　報連相が原因で、利益を喪失するのは次のパターンに分けられる。「業績アップの3原則」を基にして考えてみよう。

(1) 売上高の減少
　　①顧客との報連相が悪く、新規の受注や継続受注に失敗する。
　　②顧客との報連相が悪く、他の顧客を紹介してもらえない。
　　③利害関係者との報連相が悪く、信用力が失墜する。
(2) 変動費（工事原価）の増加
　　①社内（工事部門や設計部門、営業部門）の報連相が悪く、手戻りや手直し、手待ちが発生している。
　　②資材納入会社との報連相が悪く、必要なときに必要な資材が納入さ

れずに手戻りや手直し，手待ちが発生している。
③外注会社との報連相が悪く，現場で手戻りや手直し，手待ちが発生している。

(3) **固定費（販売費や一般管理費）の増加**
①関係者との報連相がスムーズでなく，通信費が増大している。
②会議が非効率なことから，会議費が増大している。
③社内の報連相が悪く，社員のモチベーションが低下。仕事の効率が悪くなって人件費が増大している。

どのような因子で業績が低下しているかを社員が気づき，一つひとつ改善していく必要がある。まずは気づくことが大切だ。

報連相の改善による業績アップの施策

報連相を改善することで，業績をアップさせるための手法には，以下の二つがある。
①仕組みの改善＝報連相の仕組みを改善する。
②作業・活動の改善＝報連相のやり方（作業や活動）を改善し，それが習慣化するよう教育する。

報連相が原因で問題が発生すると，緊急会議を開催して「今後はしっかりと報告，連絡，相談すること！」などと檄（げき）が飛ぶ。社員もそのときは「しっかり報連相をやろう」と決意するものだ。

しかし，時がたち，問題が起きなくなると，会議で決めたことは忘れ去られて元に戻る。そして，数カ月後に再び同じ問題が発生する。多くの会社で，この繰り返しが行われている。

改善を継続させるためには，「仕組みの改善」と「作業・活動の改善」が欠かせない。会議の仕方を変える，報告書の書式を変える，報連相ツールの導入（例えばボイスメール）など，報連相を改善する仕組みをつくる。そのうえで，報連相の目的と概要を関係者に周知するのだ。

報連相は基本的なことだけに，わかっているつもりになっていることが多い。

繰り返し徹底することが重要だ。

顧客や近隣との報連相も改善

　報連相の対象には，顧客も含まれる。以下の演習を踏まえ，報連相の不備が招くトラブルや対処法を考えてみよう。

> **演習　顧客満足の低下や利益の減少にどう対処**
>
> 　顧客との接点を持つ営業担当者や設計者，そして現場担当者との報連相が悪く，顧客満足の低下や利益の減少を招いている。あなたならどのような対策を打つだろうか。

　以下は，現場担当者のK君と営業担当者のI君，さらに設計担当者のG君の3人の会話である。

K君「お客様からコンセントの位置が違うと話がありました。私は図面の通りに付けたのだけれど，図面が変わったのですか」。

I君「そういえば先日，お客様に会ったときに，位置を変えてほしいとおっしゃっていました。Kさんに伝えるのを忘れていました」。

K君「Iさん，それは困りますよ。お客様の信頼が低下するし，手直しで電気工事費がさらに増えてしまいます」。

G君「そういえば，お客様と約束している2階の鉄筋組み立て状況のチェックを設計監理として行いたいのですが，いつがよろしいですか」。

K君「えっ，そんなこと聞いていないですよ。すでにコンクリート打設が完了していて鉄筋のチェックはできません」。

G君「それは困ります。このことがお客様にわかると，信用を落としてしまいます」。

　顧客と設計担当者や営業担当者，現場担当者の3者との報連相が悪いと，顧客の信頼が低下したり，余分な手直しや手戻り，手待ちのコストがかかったりする。

5-2 報連相で業績アップ

表5-3●顧客との報連相が不十分な場合に生じる損失と改善策

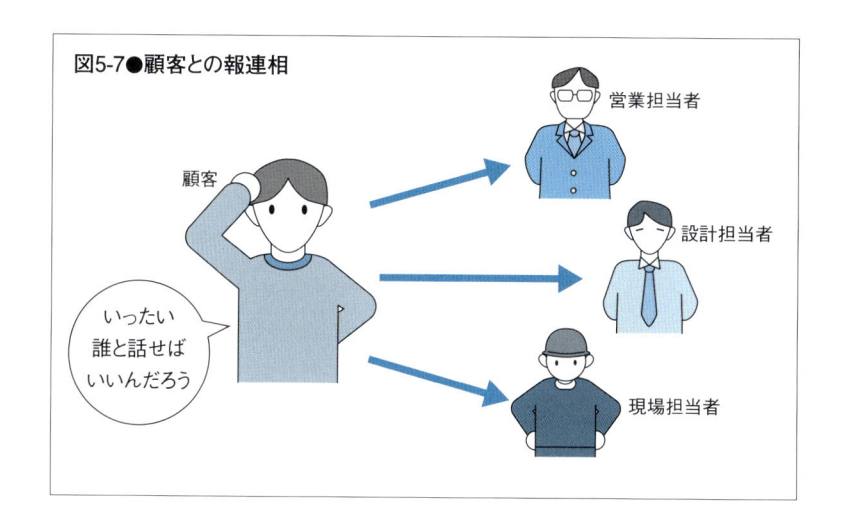

報連相が不十分なことによって生じる損失	改善策		報連相の改善にかかる費用
・コンセント工事の手戻りで生じる改修費用=10万〜50万円 ・顧客の信頼が低下した結果,継続受注や紹介による受注ができないことで生じる損失=100万〜5000万円	仕組みの改善	・3者(営業,設計,現場)または4者(顧客,営業,設計,現場)が協議する	・会議の費用=2万円
		・共通の顧客ファイルを作成し,すべての情報を3者で共有する	・ファイルの費用=100円
	作業・活動の改善	・工事中は毎週,最低1回は顧客に電話を入れる	・電話代=1000円

図5-7●顧客との報連相

営業担当者
設計担当者
現場担当者
顧客
いったい誰と話せばいいんだろう

　顧客以外にも,工事現場では近隣との対応も重要だ。次の演習を題材に,近隣との報連相について考えてみよう。

演習　現場を円滑に運営するには

　近隣との報連相が悪くて現場の運営がうまくいかず,しかも評判を落として工事の進行に支障を来している。あなたならどのような対策を打つだろうか。

　現場担当者のK君が,工事部長に近隣からのクレームについて話している。

　K君「近隣の方から工事の音がうるさいというクレームが多くて,困ってい

ます」。
工事部長「どんなクレームなんだ」。
K君「うるさいからコンクリート打設をやめろと言われるし，緊急の休日作業や夜間作業を申し入れてもすべて断られます。そのせいで工期が延びて，経費が増えています。さらに協力会社からも段取りが悪いと怒られ，追加費用を請求されています」。
工事部長「事前に，近隣の方々にあいさつにいったのか」。
K君「着工前に手みやげを持っていきました」。
工事部長「その後はどうしているんだ」。
K君「その後は何もしていません」。
工事部長「だからだめなんだ。工期が5カ月もあるのだから，近隣の方々への定期的な訪問が必要だぞ」。

近隣との報連相は，工事の円滑な進行に欠かせない。こんなことまで伝えなくてもいいだろう，ということまで伝えることが必要だ。さらに，笑顔やあいさつという基本的なことを建設会社の社員だけでなく，現場に従事するすべての職人と作業員に徹底しなければならない。

表5-4●近隣との報連相が不十分な場合に生じる損失と改善策

報連相が不十分なことによって生じる損失	改善策		報連相の改善にかかる費用
・工期の遅延によって生じる経費増＝50万／月×2カ月＝100万円 ・近隣の信用失墜によってブランド力が低下し，紹介による受注ができないことで生じる損失＝100万～5000万円	仕組みの改善	・向こう3軒両隣の清掃を毎朝，実施するというルールを作って全員で実施する	・近隣の清掃費用＝5000円（清掃道具代）
		・毎週1回は近隣の住民宅を訪問し，現場の状況を報告する	・近隣への訪問費用＝0円，手土産の費用＝1万円
	作業・活動の改善	・近隣の人々に，全員が笑顔やあいさつを実施する	・笑顔とあいさつ＝0円

図5-8●近隣との報連相

「工事の様子がわからないので不安だなあ」

○×工事

ガガガッ！ ゴゴゴッ！

社内の報連相が顧客満足度を高める

　顧客や近隣と良好な報連相を保つうえでも，社内の信頼関係は大切だ。以下の演習を通して，社内の報連相について改めて考えてみよう。

> **演習　営業と現場との信頼関係を築くには**
>
> 　営業担当者と現場担当者との報連相が悪く，現場の意見を反映していない見積もりを営業担当者が出したり，営業が期待する施工をしないなど，相互の信頼関係が悪い。あなたならどのような対策を打つだろうか。

　以下は，現場担当者のK君と営業担当者のI君とのやり取りである。

K君「Iさん，見積書から棚の費用が抜けていますよ。それにクレーンを使用しないと荷降ろしができないのに，その費用も抜けています。施工のことを考えて見積もってもらわないと困ります」。

I君「見積もりをチェックしてもらおうと思っても，Kさんはいつも会社にいないではないですか。ところで，Kさんに対するお客様からの評判が良くないですよ。『現場でKさんにお願いしても，費用がかかるのでできません，の一点張りなんです』と。せっかく苦労して受注したんだか

ら，もっとお客様に満足していただけることを考えてほしいものですね」。
K君「見積もりに漏れが多いので，実行予算を守るためにはサービス工事はできないよ」。
I君「そもそも実行予算を私は見せてもらっていないよ」。
K君「見たけりゃそちらから見に来ればいいじゃないか」。

建設会社で，営業担当者と現場担当者との仲が悪いことは珍しくない。しかし，そのことで利益を圧迫したり，顧客の不満足を招いたりしては困ったことだ。お互いの報連相を改善することで解決したい。

表5-5●社内の報連相が不十分な場合に生じる損失と改善策

報連相が不十分なことによって生じる損失	改善策		報連相の改善にかかる費用
・見積もりの漏れによって生じるサービス工事＝50万〜100万円 ・クレーンの費用＝3万円 ・顧客の信頼が低下した結果,継続受注や紹介による受注ができないことで生じる損失＝100万〜5000万円	仕組みの改善	・営業担当者と現場担当者による受注検討会や予算検討会,施工検討会の開催	・会議の費用＝2万円
		・共通の顧客ファイルを作成し,すべての情報を共有する	・ファイルの費用＝100円
	作業・活動の改善	・営業担当者が,担当している現場と顧客を定期的に巡回する	・現場の巡回費用＝10万円

> **演習** 社内を活性化して無駄なコストを減らすには
>
> 社内が活性化しておらず，上司の一方的な指示や命令が多いので創造的な意見が出ず，結果として新商品の開発が遅れている。しかも，無駄なコストに気づいていても改善しようとさえしない。あなたならどのような対策を打つだろうか。

以下は，ある企業で「報連相大会」を実施したときの社員の感想だ。「報連相大会」とは，小グループに分かれて報連相に関する課題を設定し，報連相による解決策を立案して発表するというものである。

「実は，1年前まで会社を辞めたいと思っていました。ところが，報連相を勉

強した後，課長を中心として報連相の活性化に取り組みました。メールには必ず返事をする，出かけるときは行き先をみんなに知らせる，会議をきちんと開催するなど基本的なことばかりですが，次第にメンバー間の気持ちがそろってきたのです。徐々に仕事が面白くなり，今回，報連相大賞をいただくほどに課内のムードが良くなってきました」。

「私がこの営業所に来た2年前は，基本的なルールがなく，社員相互にばらばらの状態でした。まとまりがなかったのです。ところが，報連相を意識しだしてから，みんなでルールを話し合って決めました。報告書をすぐに書く，上司への報告を怠らない，上司は部下の相談に積極的に乗る，定例ミーティングをしっかりと開催するなどです。報告シートや連絡シート，相談シートなどの書式も作成しました。その結果として，最優秀賞（個人）と最優秀グループ賞，努力賞までいただくことができました。営業所長にこの話をすると涙を流しながら，喜びをかみ締めておられました。2年前はどうなることかと思いましたが，社員が心をそろえて業務を推進してくれたことが本当にうれしいです」。

現場づくりに不可欠な協力会社との報連相

この章の最後は協力会社との報連相を取り上げる。これまでと同様，まずは以下の演習について考えてほしい。

> **演習　協力会社との報連相を改善するには**
> 　外注会社との報連相が悪く，手戻りや手直し，手待ちが多い。それを見込んだ見積もりを出してくるので，結果として原価が高騰している。さらに，資材メーカーとの報連相も悪く，資材の納入時期がずれて現場で手待ちが生じている。あなたならどのような対策を打つだろうか。

　協力会社の社長と職員のJさんが，同社の発注者に当たる建設会社のC社について話している。

　社長「C社から見積もりの依頼がきたぞ。Jさん，見積もってくれないか」。
　Jさん「わかりました。ところでC社の現場担当は誰ですか」。
　社長「Bさんだ」。

Jさん「Bさんが担当だったら見積もりを高めにしておいてください。Bさんは現場で段取りが悪いからです。先日も，工事の着手依頼があった日に現場に行ったのですが，前工程が終わっておらず，半日待たされました。急に連絡があって今から現場に来てくれと言われたり，材料が届いていなかったり。隣工区とふくそうして作業性が悪いこともしばしばです」。

社長「C社の現場担当者はみんなそうなのか？」。
Jさん「そんなことはありません。Aさんが現場担当者であれば，ぎりぎりの見積もりでも利益が出ます。Aさんは現場に入る日を1カ月以上前に話してくれますし，変更もほとんどありません。そして，前日に確認の電話が必ず入り，ファクスで駐車場と資材置き場の連絡もしてくれるのです。報連相がしっかりしたAさんと報連相が不十分なBさんとでは，当社の利益は全く異なります」。

協力会社の職員は，発注者である建設会社の現場担当者をこのようにみている。報連相が良い現場担当者なら手待ちや手戻り，手直しがほとんどなく，利益が出るが，報連相が悪い現場担当者の場合は利益を圧迫される。発注者である建設会社と協力会社とは共存共栄なので，協力会社が働きやすい現場をつくることがなにより大切だ。

まとめ

報連相は顧客や近隣も意識して実践
・報連相が悪いと「業績アップの3原則」とは逆に，売上高の減少，変動費や固定費の増加を招き，会社の利益を喪失する
・顧客や近隣との報連相が不十分な場合は，信頼が低下して受注が減るなど，業績に悪影響を与えかねない
・協力会社との間だけでなく，社内の信頼関係を築くうえでも報連相の改善は重要
・改善を継続させるには，「仕組み」や「作業・活動」の改善が欠かせない
・報連相は基本的なことだけに繰り返し，徹底すべし

コラム　真打ち登場

　私は本物が好きで，音楽なども生でよく聞きに行く。先日は生で落語を聞きに行ってきた。

　落語家はその技量によって前座，二つ目，真打ちと三つの段階に分かれる。生で聞くと，この3段階の違いがよくわかるのだ。古典落語なので，それぞれが話をしている内容はさほど変わらないが，聞き手への伝わり方が全く異なる。

　例えば前座は，前方に座っている聴衆にだけ向かって話す。そのため，後方に座っている聴衆にとっては，他人に向かって話しかけているようで，よそよそしさを感じる。

　二つ目は，右や左の聴衆にも配慮して話す。全体に配慮していることを感じる話し方だ。視線をゆっくりと会場全体に向けるようにして話している。

　真打ちの落語家が話し始めると，不思議なことだが，自分一人に向かって，自分一人のために話してくれているように感じる。おそらく聴衆全員が，自分のために話してくれているように感じていることだろう。これぞ「プロ」の仕事だと思った。実際に，一人ひとりに対して話せるはずなどないのだが，そう思わせるところがプロの技だ。

　これを，建設現場の技術者に例えると次のようになる。

　前座の技術者は，手順書通りに作業を実施するだけだ。手順に間違いのないように作業を行う。

　二つ目の技術者は，手順書通りに作業することは当然のこととして，発注者が口頭や書面で示した顕在した要望（ニーズ）に応えるように仕事をする。要望されたことにはきちんと応えられるよう，時には手順書を改定しながら作業を進める。

　ところが，真打ちの技術者は発注者の要望は当然のこととして，実際に使用するユーザーの顔を思い浮かべながら，ユーザー自身の使い勝手や住まい方などを推定し，ユーザーの潜在的な欲求（ウォンツ）に応えるのだ。真打ちの技術者は，一人ひとりのユーザーに相対して仕事をするので，満足を超えた感動を顧客に与える。その結果，リピートオーダーや新しい顧客の紹介が多くなる。

コラム

　ある日、リフォーム会社に顧客から電話がかかってきた。家の壁紙を替えたいので、見積もってほしいという依頼だ。

　リフォーム会社のBさんは早速、顧客の家に出向き、顧客の希望に合わせて提案し、見積書を作成した。しかし、顧客からはっきりとした返事をもらえないし、どうも相見積もりをとっている様子だ。

　Bさんの上司のAさんは、Bさんに代わって顧客を訪問した。そして、家の中に入って次のように言った。「お客様、まだ壁紙はきれいですね。どうして張り替えようと考えられたのですか」。

　すると、顧客は「実は35歳の一人娘にやっと彼ができて、来月、ご両親がいらっしゃることになったのです。このご縁をなんとか成就させてあげたいと思い、親のできることとして壁紙を張り替えようと思ったのです」と言う。

　Aさんはそれに応えて次のように言った。「お客様、そういうことでしたら玄関の照明とトイレの改装をする方が、ご来客の印象が良くなりますし、壁紙を替えるよりもお安いですよ」。

　この結果、Aさんは玄関とトイレ、そして壁紙の工事も受注した。顧客が求めていたのは壁紙ではなく、娘の幸せだったのだ。これに気づいてこその真打ちである。

　現場を訪問した顧客が帰るときに頭を下げて見送ると、その顧客から「ありがとう」とか「また来るからね」という言葉が自然に返ってくるのが真打ちの技術者の仕事だ。黙って頭を下げたときでも、人間の発する気が顧客に伝わってこそ真打ちであり、プロだ。

第6章
「5S」の実践で原価低減

1 5Sの定義を確認する
2 整理や整頓, 清掃で原価を下げる
3 清潔としつけで良い習慣をつくる

1 5Sの定義を確認する

A君「B君の机の上は、いつも物が置いてあるね。片付けないといけないよ」。

B君「社長からもよく、『整理整頓をしっかりしなさい』と言われるので気をつけているのだけれど、すぐに散らかってしまうんだ」。

A君「机の上は、自分一人のことだけど、現場が乱雑だと効率が悪くなり、余分な費用がかかってしまうよ」。

B君「現場では週に1回の割合で一斉清掃をしているけれど、それだけではなかなか現場がきれいにならないんだ」。

A君「原価低減のポイントは、5Sの徹底と言われているよ。一緒に勉強しよう」。

5Sとは整理(Seiri)、整頓(Seiton)、清掃(Seisou)、清潔(Seiketsu)、しつけ(Shitsuke)の頭文字をとったものである。5Sを実践することで、利益の上がる現場をつくることができる。しかし、当たり前のことだけに、なかなか徹底できないのが実情だ。

まずは**表6-1**で、それぞれの言葉の定義を確認しよう。

表6-1●5Sの定義

5S	ポイント	意味
整理	基本動作	**1カ月以内**に使用するものと使用しないものとに分けて、使用しないものを移動させる
整頓	基本動作	**1カ月以内**に使用するものを、使用時にすぐに取り出せるようにする
清掃	基本動作	ごみなし、汚れなしの状態にする
清潔	ルールの徹底	整理、整頓、清掃をやり続けている状態
しつけ	ルールの習慣化	基本動作のルールを強制することで、習慣化させること

(注)太字の部分は場所ごと、会社ごとに変えることがある。

「整理整頓」などの4文字熟語として使用することが多いが、**表6-1**のように五つの言葉の定義は異なる。この五つの言葉の定義や意味を理解しながら実践することが必要だ。

以下では，5Sの中でも基本動作である整理，整頓，清掃について詳しく説明しよう。

整理とは分けること

整理の定義は，「1カ月以内に使用するものと使用しないものとに分けて，使用しないものを移動させる」である。

つまり，身の回りのものを**表6-2**の基準で分類するということになる。

表6-2●整理の基準

項目	定義	処置
要品	1カ月以内に使用するもの	身の回りに置く
不急品	必要だが，1カ月以内には使用しないもの	倉庫などに移動させる
不要品	不要な物	廃棄場所に移動させる

したがって，整理を実行すると，身の回りには1カ月以内に使用するものだけが置かれるようになる。

演習　整理がもたらす効果とは

整理を実践すると，どのような原価低減の効果があるのかを答えよ。

整理による原価低減の効果としては，主に以下の三つが考えられる。
①要品が身の回りに配置されるので，移動にかかる費用を削減できる。
②不急品を維持費の安価な倉庫などに置くことによって，場所にかかる費用を削減できる。
③不要品のためのスペースが不要になり，場所にかかる費用を削減できる。

整理シートを活用する

身の回りのものを要品と不急品，不要品に分けることを目的として，**図6-1**の「整理シート」を活用する。

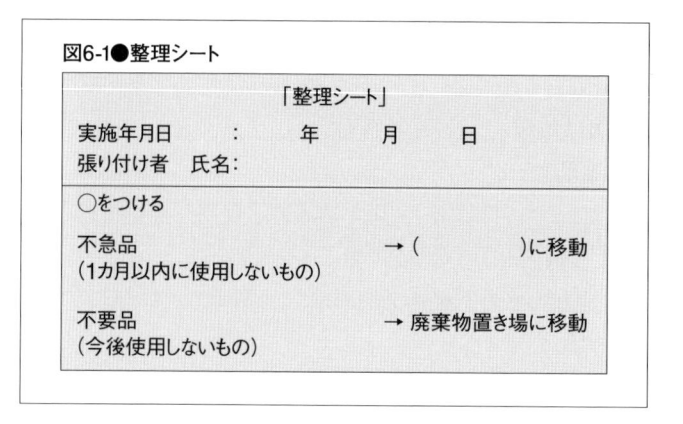

```
図6-1●整理シート
┌─────────────────────────────────┐
│          「整理シート」              │
│ 実施年月日   :   年   月   日       │
│ 張り付け者  氏名:                   │
├─────────────────────────────────┤
│ ○をつける                           │
│                                     │
│ 不急品                  → (     )に移動 │
│ (1カ月以内に使用しないもの)          │
│                                     │
│ 不要品                  → 廃棄物置き場に移動 │
│ (今後使用しないもの)                │
└─────────────────────────────────┘
```

第一のステップ

図6-1のような「整理シート」を作り,以下の3原則に沿って,不急品または不要品と判断したものに「整理シート」を張り付ける。あまり深く考えずに張る方がうまくいく。

整理シート張り付けの3原則=一気に,情け無用で,他人のものに張る

第二のステップ

「整理シート」が張られた物の管理者は,その処置方法を決定する。1カ月以内に使用しない不急品なのか,今後一切使用しない不要品なのかを判断して,「整理シート」に記載する。

第三のステップ

1カ月以内に使用しない不急品であれば倉庫などの置き場所に移し,今後一切使用しない不要品であれば廃棄物置き場に移動させる。大切なことは,不急品や不要品を身の回りの貴重なスペースに置かないことだ。

整頓とは「誰が見てもすぐにわかる」ようにすること

B君「整理の意味がわかって早速,整理シートを張り付けてみたよ」。
A君「整理シートの張り付けをやってみてどうだった」。
B君「身の回りにたくさんの不急品や不要品が置いてあることに驚いたよ。

これらを倉庫に移動させたり捨てたりしたことで，事務所と現場がすっきりした」。
A君「では次は整頓だ。整頓は整理よりも時間がかかるかもしれないけれど，がんばろう」。

整頓の定義は，「1カ月以内に使用するものを，使用時にすぐに取り出せるようにする」である。つまり，まずは整理して，1カ月以内に使用するかどうかを判定し，1カ月以内に使用する要品であれば，それを使用する際にすぐに取り出せるようにすることが整頓だ。

使用する際にすぐに取り出せるようにするためには，具体的には次の3原則を実践しなければならない。

整頓の3原則＝誰でも，すぐに，見てわかる

置き場と置物に同一の表示を

置き場に表示して，その置き場に正しく物が置かれているようにするには，次のことを実施する必要がある

①置き場に表示をする。
②置物に置き場と同じ表示をする。

例えば，図書館の棚には分類番号などの表示があり（**図6-2**），書籍にもその表示と同じシールが張り付けてある。置き場と置物に同一の表示をすることで書籍はいつも正しい置き場にあるので，書籍の検索に時間がかからずに済む。
また，マンションの駐車場に止めるべき車のナンバーを記載しておけば，正しい車が正しく駐車されるようになり，不法駐車を撲滅することができる。

図6-2 ●棚の表示方法

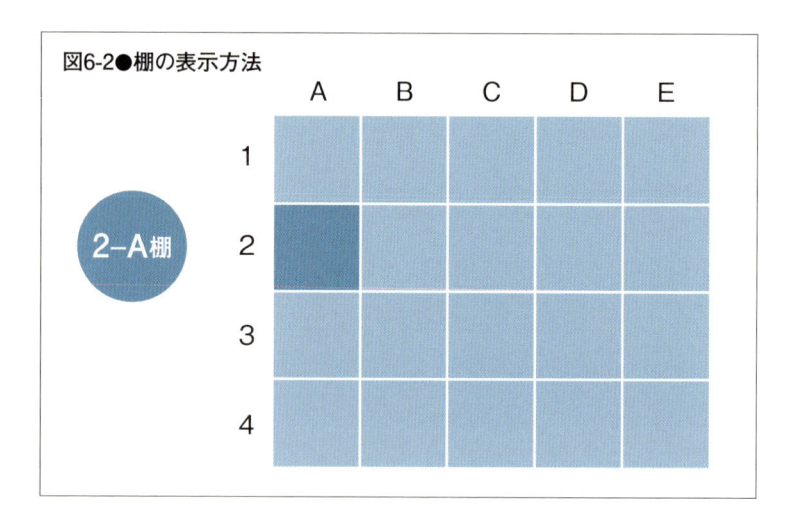

机の中も整頓

1時間以上席を離れるときは，机の上には何も置かず，引き出しに片付ける。引き出しに入れるものは，**図6-3**のように場所を決めるとよい。

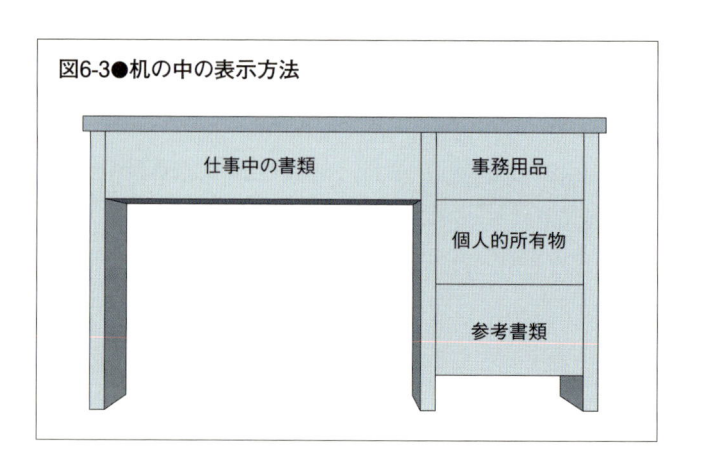

図6-3 ●机の中の表示方法

> **演習** 整頓で得られる効果とは
>
> 整頓を実践することで，どのような原価低減の効果があるのかを答えよ。

整頓による原価低減の効果は主に以下の3点だ。

①誰でもわかるようにすることで，担当者を呼びに行く時間である手待ちに加え，間違って作業したことによる手戻りや手直しの費用を省くことができる。
②すぐにわかるようにすることで，物を探す時間にかかる費用を省くことができる。
③書類を見たり説明を聞いたりしないとわからないということではなく，見てわかるようにすることで，間違った作業による手戻りや手直しの費用を省くことができる。

写真6-1●誰が見てもすぐにわかる倉庫の例

（写真：矢野建設）

清掃とは心を磨くこと

B君「整頓をするために，現場の倉庫の表示を誰が見てもすぐにわかるようにしたよ」。

A君「倉庫だけでなく，現場の表示や事務所の中，資料のファイリング，コンピューターの中など，誰が見てもすぐにわかるようにしなければならないものはたくさんあるよ」。

B君「整頓しようとすると，工夫が必要だね。ところで，整理や整頓をしていて気づいたんだけれど，清掃が行き届いている現場はスムーズに整

理や整頓が進むけれど，ゴミがあったり汚れたりしている現場はスムーズに進まず，効率が悪いんだ」。
A君「そうだね。汚れていると不急品と不要品との分類に時間がかかるし，表示するにも手間がかかる。それだけでなく，清掃が行き届いている現場とそうでない現場とでは，働いている人たちの意識も違うんだ」。
B君「清掃って奥が深いんだね」。

清掃の定義は，「ごみなし，汚れなしの状態にする」ことだ。現場をごみなし，汚れなしの状態にすることの効用は大きく二つある。一つは物理的な効用，もう一つは心理的な効用だ。

物理的な効用としては以下の3点がある。
①不具合に気づきやすくなるので，手直しが減少する。
②物を探す時間が短縮されるので，作業性が向上する。
③機械や設備の清掃をすると，同時に点検も行うことができるので，機械や設備の不具合を早期に発見できる。結果として手待ちが減り，さらに機械や設備の寿命が延びる。

心理的な効用としては以下の4点が挙げられる。
①問題や課題，不具合（ゴミや汚れ）を除去する経験を通して，問題や課題に対する気づきの能力が高くなる。
②清掃を休まずやり続けることで，心が強くなる。
③現場に関係する人が一斉に清掃を実施することで，現場内の人たちの心がそろう。
④感謝されることで，感謝の気持ちが強くなる。感謝の気持ちが強くなることで，謙虚な人になれる。

写真6-2●地元中学生と共に現場の周辺を清掃している様子

(写真:杉林建設)

> **まとめ**
>
> **5Sの定義を正しく理解して実践しよう**
> ・整理とは,分けること
> ・整頓とは,誰が見てもすぐにわかるようにすること
> ・清掃には,物理的な効用と心理的な効用とがある

コラム　心を強くする

　ある日，長男と共に甲子園球場に高校野球の観戦に行ってきた。私は兵庫県出身なので，学生時代はよく見に行ったのだが，目の前の白球に100％を注ぎ，投げて走って打つ高校球児の姿を見て心を奪われた。

　野球は静寂と喧噪（けんそう）のスポーツだ。静寂な瞬間が続いていると思えば，一瞬にしてボールが飛び，歓声が上がる。気持ちを研ぎ澄ましていなければ，一瞬の白球の動きにはついていけない。

　9回裏，一打出れば同点というとき，レフトとセンターの間に強烈な打球が飛んだ。「やったー」と叫んだその瞬間，レフトの選手が横っ飛びで捕球した。ゲームセット。私はレフトの守備位置の近くで観戦していたのだが，レフトの選手がフライを捕球したのは，2時間を超えるゲームの中でこの1回だけだった。

　じりじりと太陽が照りつける中，集中力を切らさずその一瞬に力を出し切った姿は本当に美しく見えた。その表情からは鍛えられた心の強さを感じた。

　佐藤一斎はその著書「言志四録」で次のように言っている。
　「閑想客感は志の立たざるによる。一志すでに立ちなば，百邪退聴せん」。
　（つまらないことを考えたり，他のことに心を動かしたりするのは，志が立っていないからだ。一つの志がしっかり立っていれば，もろもろの邪念は退散してしまう）。

　一志を立て，時は今，場所はここに気持ちを置くことができる心の強さの重要性を改めて認識した。

　スポーツ選手は体を鍛え，技を磨くことはもちろん重要だが，心を鍛えることはそれ以上に重要だ。ここぞというときに力を発揮できるのは，心の強さだ。
　そのために車やトイレの掃除を継続して実施することを選手に課す指導者が増えている。毎日やり切ることが自信につながり，その結果，心が強くなる。

　掃除とは床を磨くのではなく，心を磨いているのだ。窓の枠や表彰状の額縁にほこりがたまっていると，心にもほこりがたまる。ほこりがたまると，仕事への誇りが失われる。床が汚れていると，心も汚れるのだ。
　心にほこりがたまらないよう，そして強い心を持つために整理，整頓，清掃を実践したいものだ。

2 整理や整頓，清掃で原価を下げる

B君「整理，整頓，清掃の意味はよくわかった。でも整理，整頓，清掃をすると現場や職場がすっきりし，きれいにはなるけれど，それが本当に原価低減につながるのかぴんとこないんだ」。

A君「見た目がすっきりし，きれいになるだけでは整理，整頓，清掃をしたとは言えないよ」。

B君「すっきり，きれいにすることが整理，整頓，清掃だと思っていた。ではどうすればいいんだろう」。

A君「具体的にどうすれば，原価を低減できるのかを考えてみよう」。

整理，整頓，清掃で省力化

整理，整頓，清掃を推進することで，例えば1日当たり2時間分の無駄な作業がなくなると，1人が8時間かけていた仕事を0.8人，または6時間でできるようになる。これを省力化という。

具体的には，以下の（1）無駄な動きをなくす，（2）作業と作業の"すき間"や手待ち，手戻りをなくす，（3）施工や品質などの不良による手直し作業をなくす——の方法がある。

（1）無駄な動きをなくす

本来の作業以外の無駄な動きがあると余分なコストがかかってしまう。無駄な動きをなくすために，整理，整頓，清掃は効果的だ。

（1）−1　物を探す「ムダ」

資材や道具を探す時間は無駄な時間である。整理を進めることで身の回りには，1カ月以内に使用するもの以外はなくなる。さらに整頓を進めることで，誰が見てもすぐにわかるようになるので，身の回りにある要品の中から必要なものをすぐに探し出すことができる。清掃を進めると，整理や整頓をスムーズに実施できる。

(1)-2　運搬の「ムダ」

運搬のムダには、①往復運搬、②長い距離の運搬、③仮置きで生じる運搬、④下積みや積み替えによる運搬がある。例えば、資材の納入会社が現場に持ってきた資材を勝手な場所に荷降ろしすると、その後、必要な場所まで再度運搬しなければならない。資材の納入会社が荷降ろしする際の場所を、誰が見てもすぐにわかるようにすることで、上述の③仮置きで生じる運搬をなくすことができる。

不要な運搬をしないで済むように、それが1カ月以内に使用するものなのかどうか（整理）、1カ月以内に使用する場合は置き場所はどこか（整頓）を明確にしないといけない。

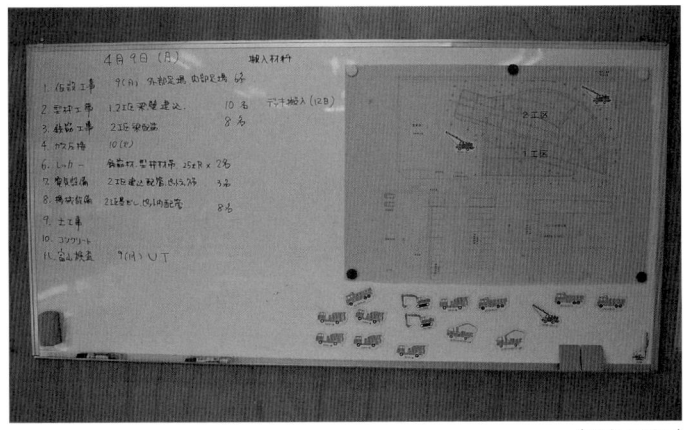

写真6-3●作業状況が一目でわかるようにする

(写真：洞口)

(1)-3　前準備や後片付けの「ムダ」

本来の作業を始める前の準備作業や作業終了後の後片付けの作業が長いと、無駄な時間となる。現場の事情を事前に把握せずに乗り込んだために、他の会社との調整や準備に時間がかかったり、作業で現場を汚してしまってその清掃に時間がかかったりする。

写真6-4のように、コンクリートに上向きアンカーを打つ作業がある。そうすると削孔したコンクリートの切り粉が落ちてきて、床の掃除が欠かせないし、

写真6-4●従来の作業方法

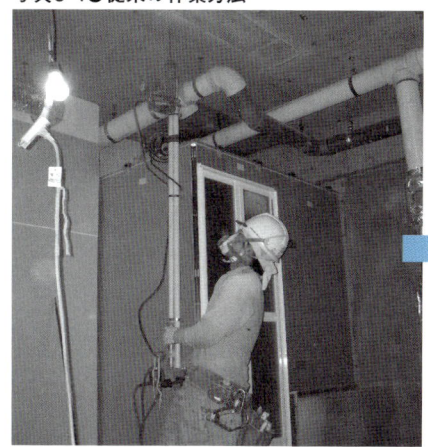

写真6-5●改善した作業方法

コンクリートの切り粉が落ちてしまう
（写真：右も水谷工業）

コンクリートの切り粉を受け止める装置が付いているので汚れない

作業効率が低下する。それを**写真6-5**のように，コンクリートの切り粉を受けるカバーを付けた。粉が落ちてこないので床の掃除が不要になり，作業効率が上がる。このように汚さない仕組みを作ることが必要だ。

（2）作業と作業の"すき間"や手待ち，手戻りをなくす

次の作業に入るタイミングが遅れると作業間に"すき間"が発生し，工程遅延の原因になる。逆に作業に入るタイミングが早すぎると手待ちや手戻りが発生し，原価が余分にかかってしまう。

現場に入るタイミングを，誰が見てもすぐにわかるようにすることで，作業間の"すき間"や手待ち，手戻りによる無駄をなくすことができる。例えば，作業看板や工程表に現場の状況を表示したり，音を出して知らせたりすることで，作業に最適なタイミングを誰でもすぐにわかるようになり，無駄を省くことができる。

（3）施工不良などによる手直しをなくす

施工不良や不良品などによって作り直しや手直しの無駄が発生する。

これは工事中の確認や検査をきちんと行うことで排除できる。省力化が行き過ぎると，施工不良などによる手直しが増えることがあるので注意が必要だ。

省力化を工程短縮や工数削減につなげる

　省力化を進めることは大切だが，それだけでは「ムダ」を排除しただけで，コストダウンにはつながらない場合がある。例えば，1日当たり2時間分の無駄な作業をなくし，1人が8時間かけていた仕事を0.8人，または6時間でできるように省力化しても，減らした2時間分を使って丁寧に仕事をしているようでは，コストダウンにはならない。

（1）「省人化」で工程を短縮

　　1人が8時間かけて5日間でしていた仕事を，1日当たり2時間の省力化によって0.8人，または6時間でできたとすると，その5日間の仕事が4日間でできることになる。

　　0.8人×5日＝1人×4日

　　つまり，1人が8時間かければ4日間でできるようになって工程が短縮し，1人分のコストダウンになる。これを，無駄な人工（にんく）を減らすという意味で「省人化」という。

　　このように，省力化するだけではコストダウンにつながりにくいが，作業を組み合わせた省人化によって工程短縮につなげることで，コストを削減できる。

（2）「活人化」で工数を削減

　　省力化によって，5人が1日当たり8時間かけて5日間で行っていた仕事を，同じ工期で4人でできるようになればコストダウンにつながる。これを，一人ひとりの能力を最大限に活用するという意味で「活人化」と呼ぶ。

　　この場合は工程の短縮にはならないが，5日×5人＝25人・日だった工数が，5日×4人＝20人・日となって，5人・日のコストダウンになる。このような形で省力化を工数の削減につなげると，コストダウンできる。

整理，整頓，清掃をコストダウンにつなげるためには，次の"方程式"を満たさなければならない。

整理，整頓，清掃
⬇
省力化（無駄な動きや"すき間"，手待ち，手戻り，不良の削除）
⬇
省人化による工程短縮，活人化による工数削減
⬇
コストダウン

演習 **改善によってどの「ムダ」を削減？**

以下の **1** から **9** までの改善事例は整理，整頓，清掃のいずれに該当するのかを述べたうえで，次の①〜⑤のどの「ムダ」の削減に当たるのかを答えよ。
①物を探すムダ　②運搬のムダ　③前準備や後片付けのムダ
④作業と作業の"すき間"や手待ち，手戻りのムダ　⑤不良のムダ

---

1 欲しい資料が見つからない

欲しい資料が見つからなかったり，元の位置になかったりすることがある。そこで，並べた資料の背表紙に斜めの線を引いた。そうすることで資料が不足しているのかそろっているのかが，一目でわかるようになった。

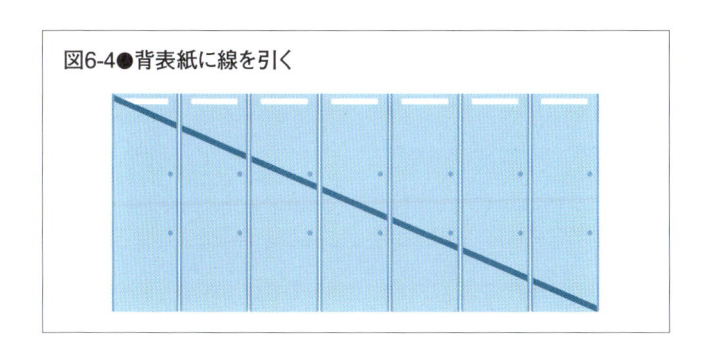

図6-4●背表紙に線を引く

この改善事例は**整頓**に当たり，①**「物を探すムダ」**の削減につながるも

のだ。書類の整頓方法については，置き場と置物を同一の表示にする方式をこの章の1で説明した。さらに，誰が見てもすぐにわかるようにするための方法として，上記の線を引く方法がある。このようにすると，抜けているファイルや順序が誤っているファイルが一目でわかり，ファイルを探すムダを省くことができる。

2 郵便を出し忘れる

郵便を出しに行く時刻は午後4時と決まっているが，忙しいと忘れがちになる。そこで，午後4時になるとメロディーが流れるように時計のタイマーをセットした結果，出し忘れがなくなった。

このケースは**整頓**で，**④のムダ**を減らした事例だ。毎日決まって実施すべきことを忘れてしまうと，段取りが遅れたり顧客に迷惑をかけたりしがちだ。ここでは定時にメロディーを鳴らすことで，誰でもすぐに聞いてわかるように改善。手待ちや手戻りのムダを省いている。

3 ボルトやナットがさびてしまう

くぎやボルト，ナットなどが倉庫の箱に入っている（**図6-5**）。上から取り出し，少なくなったら上から補充するという方式では，下の方に古い材料が残ってしまい，さびたり変形したりして使えなくなってしまう。そこで，右下の**図6-6**のように，箱を二つに区切り，片方に入れたボルトやナットを使い切った後，もう片方にボルトやナットを入れて使用するようにし，

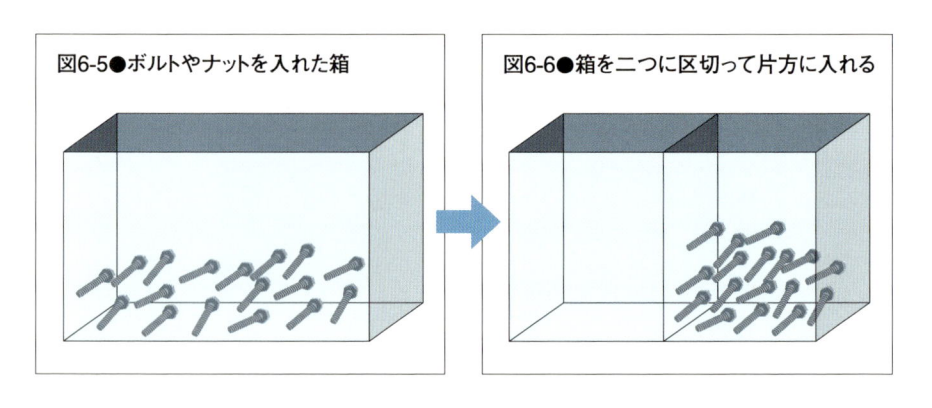

図6-5●ボルトやナットを入れた箱

図6-6●箱を二つに区切って片方に入れる

先入れや先出しを可能にした。

　この改善事例も**整頓**だが，⑤**「不良のムダ」**をなくしたケースに当たる。このように，ボルトやナットを使用する際にどこから取ればよいのかをわかるようにすれば，先入れや先出しを実施できる。整頓，つまり誰が見てもすぐにわかるようにすることで，資材がさびることによる品質不良などを防ぐことができるわけだ。

4 ボルトやナットが欠品してしまう

　ボルトやナットはよく使うので在庫を切らしがちで，いつ発注すればよいのかもはっきりしていなかった。そこで，ボルトやナットを入れる箱に，**図6-7**のように「MAX線」と「MIN線」を引いた。線が見えてきたら，新しいボルトやナットを発注するようにした。

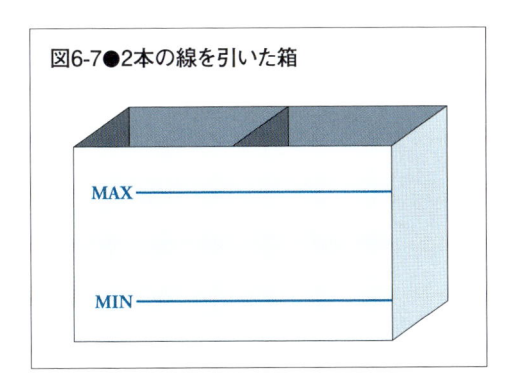

図6-7●2本の線を引いた箱

　これも**整頓**で，④のムダを減らした改善事例だ。資材が所定の量を下回ると発注するという「MIN線」と，この線以上は購入しないという「MAX線」を明示したことで，誰が見てもすぐに発注のタイミングがわかるようになった。この結果，資材の欠品に伴う手待ちがなくなる。

5 会議用テーブルの位置がなかなか決まらない

　会議の準備をするとき，テーブルの位置決めにいつも苦労していた。そこで，床にテーブルの脚の位置を表示した。

これも**整頓**で，③「前準備や後片付けのムダ」を減らしている。物の置き方を誰が見てもすぐにわかるようにすることで，作業の準備時間を短縮できる。資材置き場や看板，コーン，バリケードの設置位置などをあらかじめ決めておくことも原価低減の手法だ。

6 机の上が乱雑なので伝言メモを見失う

社員への伝言メモを机の上に置くが，机の上が乱雑なのでメモがなくなって何度も伝言し直さないといけない。そこで，1時間以上席を離れるときは，机の上に何も置かないルールを決めた。

これは**整理**に該当し，④のムダを減らした事例だ。身の回りにはすぐに使用するもの以外は置かないという整理を徹底することで，必要なものがなくなることによる手待ちや手戻りを防ぐことができる。

7 機械の油量メーターの確認忘れでオイル切れが発生し，機械の不良や工程遅れの原因になっている

機械のオイルの確認を忘れて，オイル切れで修理することがある。そこで毎朝10分間，機械をピカピカになるまで磨くことで，点検も同時に行えるようにした。

この事例は**清掃**に該当し，④と⑤の二つのムダを同時に減らした好例といえる。清掃を徹底して行うと，機械の不良に気づいて早期に対応できる。そのことで，燃料補充による手待ちだけでなく，機械の整備不足による不良の発生も防ぐことができる。

8 資材置き場から現場までの小運搬に費用がかかっている

資材の運搬会社が，資材置き場や現場の入り口近くに資材を荷降ろししていく。そのため現場までの運搬費用がかかっている。そこで，現場に表示板を設置して，資材の荷降ろし場を指定した。

これは**整頓**で，②「運搬のムダ」を省いた事例だ。資材の荷降ろし場所

を誰が見てもすぐにわかるようにすることが必要だ。例えば現場に表示板を置いたり，朝礼で徹底したりするとよい。必要な場所に必要な資材を置くことで，無駄な場内小運搬をなくすことができる。

❾ 現場が狭いので資材の仮置き場や駐車場として土地を借りている

建設現場のスペースに余裕がないので，資材置き場や駐車場として近くの土地を借りて使用しているが，都市部のために借地料金が高い。そこで，1カ月以内に使用しないものを本社に返却。さらに売却したり，産業廃棄物として廃棄するなどして，現場内に資材置き場と駐車場を確保した。

整理に取り組み，②**「運搬のムダ」**を減らした事例だ。1カ月以内に使用しないものを現場に置かないように徹底すると無駄なスペースがなくなり，場所を有効に利用できる。不要な土地を借りるコストを削減できる。

まとめ

5Sの実践で原価を低減する
・5Sによって省力化を目指す
・省力化の手法には①無駄な動きをなくす，②作業と作業との"すき間"や手待ち，手戻りをなくす，③不良による手直し作業をなくす——の方法がある
・省力化の推進によって工程の短縮や工数の削減を実施し，コストダウンできる

コラム　掃除の力は偉大なり

　A工務店が手がける注文住宅の建設現場を訪問したときのことだ。事前にお話しせずに突然，現場にうかがったにもかかわらず，現場がピカピカにきれいなのだ。かんなくず一つ，落ちていない。

　「どうしてこんなにきれいなのですか」と大工さんに聞くと，「ゴミやかんなくずが出るたびに，ほうきで掃除するのです。ゴミやくずの中で仕事をしていると，親方にきつくしかられます。1日に5回は定期的に掃除をします」と平然と言う。

　このA工務店では午前8時と10時，正午，午後3時，午後5時30分の1日5回，現場清掃を行っている。

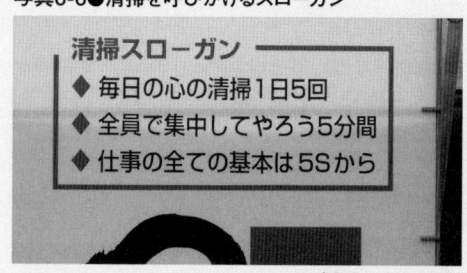

写真6-6●清掃を呼びかけるスローガン

清掃スローガン
- 毎日の心の清掃 1日5回
- 全員で集中してやろう5分間
- 仕事の全ての基本は5Sから

（写真：新和建設）

　「そんなに掃除ばかりしていると，仕事が遅れませんか」と聞くと，「掃除は仕事です。掃除ができない人は，仕事ができません」とピシャリ。

　さらに「掃除をするとムダな動きがなくなり，効率的に仕事ができて工期も短縮できるのです。それに，掃除が習慣になると掃除せずにいられなくなります。最初は強制しますが，そのうち習慣になります」と親方。A工務店は業績好調だが，その秘訣を見たような気がした。

　続いて，B建設。
　B建設のB社長の悩みは，奥様が会社の仕事を手伝ってくれないことだった。中小企業の経営にあたって，家族の力は欠かせない。B社長が奥様をいくら説得してもダメだった。

　あるときB社長は，イエローハット創業者の鍵山秀三郎氏の本を読んで思い立

ち，会社のトイレ掃除を始めた。毎朝社員が出社する前に男性トイレを掃除した。社員は「ありがとうございます」などとは言うが，自分から手伝おうとはしなかった。

写真6-7●磨かれたトイレ

B社長は，社員にトイレ掃除をお願いしなかったが，ある日奥様に恐る恐る次のようなお願いをした。

「社員が気持ち良く仕事できるように，トイレ掃除を始めたんだ。でも，僕には女性トイレの掃除はできない。そこで，君に会社の女性トイレの掃除をしてもらえないだろうか」。

すると奥様はこういった。「わかりました。仕事は手伝わないけれど，トイレ掃除ならいいわ」。

それから1カ月がたったある日，奥様はB社長に次のように言った。
「トイレ掃除をしていていろんなことを考えたわ。最初はなぜ，私がこんなことをしないといけないのと思っていたの。けれど，そのうちに社員から『奥様ありがとうございます』と言われるようになったの。その言葉がうれしくて，より一生懸命に磨くようになりました。そうしているうちに，トイレや便器がいとおしくなり，さらに社員や会社がいとおしくなったの。私，決めたわ。この会社で働くわ。あまり役に立てないかもしれないけれど，いとおしい会社や社員のために，もっともっとお役に立ちたくなったの」。

掃除の力は偉大だ。

3 清潔としつけで良い習慣をつくる

B君「整理, 整頓, 清掃で原価が下がることがよくわかった」。
A君「では早速, 実践しよう」。
B君「でも僕の欠点は, 行動を始めてもそれが長続きしないことなんだ」。
A君「何でもやり続けることが大切だよ」。
B君「わかっているのだけれど, だめなんだ」。
A君「B君は現場の作業員に対しても, 整理や整頓, 清掃の徹底が十分ではないね」。
B君「最初は強く言うけれど, 何度言ってもやらない作業員には, もういいやって思ってあきらめてしまうんだ」。
A君「そんなことでは, 利益の上がる現場はつくれないよ。自分自身が徹底して行うことを清潔な状態といい, 周りの全員がやり続けるようにすることをしつけるという。これを実践することで社風が変わるんだ。清潔としつけを勉強しよう」。

ルール化によって清潔な状態を徹底

「整理, 整頓, 清掃」が動作を示す言葉であるのに対して, 「清潔」は状態を示す言葉だ。清潔の定義は, 「整理や整頓, 清掃をやり続けている状態」である。整理や整頓, 清掃を欠かさずに続けることで, 清潔な職場をつくることができるし, さらには整理や整頓, 清掃をやらなくてもいいようになる。

清潔な状態とは,
・整理や整頓, 清掃をやり続ける状態＝**維持**
・整理や整頓, 清掃をやらなくてもいいような状態＝**予防**

整理や整頓, 清掃をやり続けるためには, それらのルールを作成したうえで徹底して実践することが必要だ。徹底して実践するというのは, 「**決**めたことを**決**めた通りに**き**ちんとやる」ことであり, 「3K」という言葉で表す。

清潔＝ルール化＋3K（**決**めたことを**決**めた通りに**き**ちんとやる）

自分や自社のルールを持っていて，やりきる人や会社が清潔な人や会社であるといえる。一方，自分や自社のルールを持っておらず，決めたことをやりきれない人や会社を，不潔な人や不潔な会社という。

では，どのようにルールを決めればいいのだろうか。
まずは，自分で自分のルールを決めることが大切だ。例えば，人の名前の呼び方のルールにもいろいろある。「さん」や「君」，「呼び捨て」などだ。年上にはさん付け，年下には君付けなどとルールを持っている人は清潔な人。気分や感情で呼び方を変える人は不潔な人である。

大リーグのイチロー選手のバッターボックスでのしぐさも，自分で自分のルールを持って徹底している。自分で決めたある所作を繰り返すことで自身を勇気づけ，自らを強くすることができる。これも清潔という。

次に，会社や部門のルールを決めることが必要だ。整理や整頓，清掃のルール，報告や連絡，相談のルール，服装や身だしなみのルールなどだ。

（1）整理のルールの例

「毎月第○の△曜日は，整理シート張り付けの日とする」など毎月1回は整理シートを張り，不要なものを明確にすることで，現場から要らないものを取り除くことができる。

（2）整頓のルールの例

倉庫の置き場や資材置き場，安全作業通路，道具置き場をそれぞれ表示する。置き場を決めたり，材料や道具を識別したりするルールを作ることで，現場を清潔に保つことができる。

（3）清掃のルールの例

清掃を実施する時間と担当場所を決める。清掃のルールを決めること

で，常に清潔な状態を保つことができる。

図6-8●現場での基本ルール

① 『おはようございます!!』
大きな声であいさつをしましょう。
現場は最低10分前には入るようにしましょう。

② 今日も1日の始まりです。
まずは作業内容に対しての安全ミーティングおよび新規入場を行います。安全に対する意識を高めましょう。

③ それでは朝礼を始めます。
しっかりと体操をし，体をほぐしましょう。各社さんごとに一列に整列し，作業内容やそれに対する安全注意事項および人員を各職長さんに大きな声で報告していただきます。各社さんが，どこで，どのような作業をしているか，しっかりと聞いて把握しましょう。監督員から注意事項の報告があり，最後に
『今日も1日0(ゼロ)災害で頑張ろう!』
大きな声で参加しよう!

④ 作業開始です。
あなたの作業態勢は『それでいいのか』。もう一度考えましょう！小さなことが大きな事故につながります。常に改善をし作業をしましょう。

⑤ 休憩タイムです。
決められた場所で休憩しましょう。道路などで地面に座って休憩するのはやめてください。近隣の迷惑になり，イメージダウンにつながります。空き缶は買った場所に捨ててください。

⑥ 昼食タイムです。正午
車の中で食事をされるときは，アイドリングストップに心がけましょう。また，コンビニの弁当のゴミは必ず持ち帰ってください。現場に捨てられた会社さんは，罰金として3万円いただきます。

⑦ 毎日 午後1時から昼礼を行います。各社の職長さんは指定場所に集合してください。時間厳守です！

⑧ 現場には，お施主さんがいらっしゃいます。顔を覚えて，大きな声でしっかりとあいさつをしてください。

⑨ 午後1時 ～ 午後1時10分
毎週金曜日は，10分間の一斉清掃を行っています。それぞれの作業場所と関係なく清掃場所を指定します。しっかりと現場および周辺道路をきれいにし，良い環境づくりに心がけましょう。

⑩ 『お疲れ様でした!』
今日も1日事故もなく無事終了です。ところであなたはきちんと片付けを行いましたか？必ず毎日作業終了後に片付けを行い，ゴミを指定場所に捨ててください。また，帰られる時は必ず監督員に報告してください。家に帰宅するまでが仕事です。安全運転に心がけましょう!

現場での基本ルール

(資料：矢野建設)

しつけによって良い行動を習慣に

　大人で歯を磨かない人はいないだろうが，子供の中には嫌がってなかなか歯を磨かない子供もいる。歯を磨かない子供には，両親が「歯を磨きなさい！」と言い続けることで，歯磨きの習慣を付けさせる。もしも，両親が子供に「歯を磨きなさい」と言い続けなければ，その子供は歯を磨くという習慣を身に付けないまま，大人になるかもしれない。

6-3 清潔としつけで良い習慣をつくる

　このように，「食後には歯を磨く」などという基本動作を強制し，ついには習慣化させる行為を「しつけ」という。行動が習慣化すれば，その行動は意識せずに自動的に行われるようになる。

ルールの強制 ➡ 習慣化 ➡ 自動的

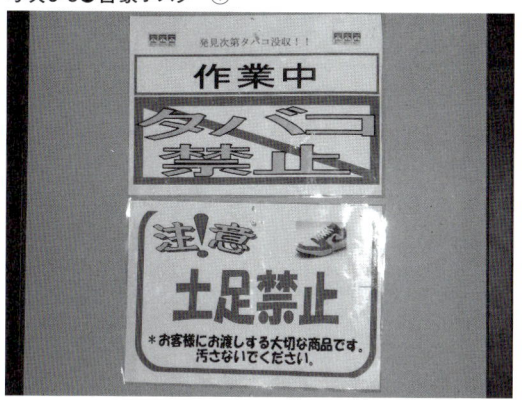

写真6-8●啓蒙ポスター①

（写真：宮崎工務店）

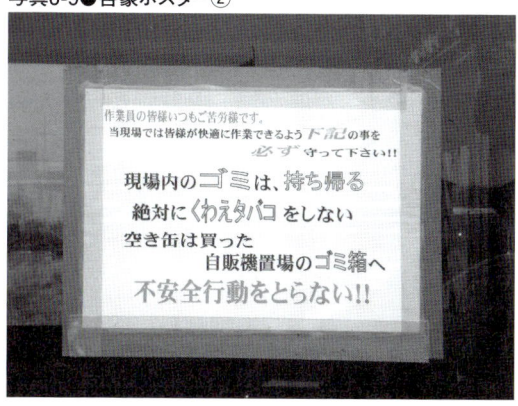

写真6-9●啓蒙ポスター②

（写真：矢野建設）

「使用しないものは現場に置かないこと」。
「決められた場所に資材や道具を置きなさい」。

「決められた時間に担当場所を清掃しなさい」。

これらのことを言い続け，強制し，その結果として良い行動を習慣化させることは，現場で働く人への愛情に裏打ちされた行動だ。このような声がけが自然にでき，言われた側が素直に受け止めることのできる職場が，利益の出る現場である。

しつけの基本は関心を持つこと

第6章の締めくくりとして，以下の演習に答えてほしい。

演習　褒め方としかり方を診断

以下の表の質問に対して「はい」には○を，「いいえ」には×をそれぞれ付けよ。

表6-3●褒め方としかり方のチェックリスト

褒め方のチェック		
1	どちらかというと他人の短所よりも長所が目に留まる	
2	良いところに気づいたら，すぐにその場で褒めている	
3	言うだけでなく，良い点をカードに書いてあげたりしている	
4	事実を取り上げて褒めている	
5	顧客や職場，会社への貢献についてもコメントしている	
6	肩をたたいたり握手するなどの態度でも表している	
7	表面的でなく自分の素直な気持ちを率直に伝えている	
8	褒めるだけでなく，残された課題も伝えている	
9	場合によっては，人前で褒めることがある	
10	本人に対してだけでなく，他人にもその人の良い点を伝えることがある	
しかり方のチェック		
1	どちらかというと他人の長所よりも短所が目に留まる	
2	相手の間違いやミスに気づいたら，すぐにその場で指摘し，注意している	
3	相手の成長を願って，感情移入してしかることができる	
4	事実を確かめたうえでしかっている	
5	何がいけないのかを具体的に納得させている	
6	くどくどと説教されていると感じさせないようにしかることができる	
7	厳しくしかった後で，温かいフォローの言葉をかけている	
8	人格を否定せずに言動面に限定してしかっている	
9	人前でしかるときには，他人がいることを意識してしかっている	
10	本人のいないときにはその人の欠点を言わないようにしている	

しつけの基本は，褒めることとしかることだ。そのためには相手の行動や言動をよく見て，事実に対して褒めたりしかったりする必要がある。

表6-3の褒め方のチェックとしかり方のチェックによって自らの傾向を知り，意識して愛情を持って相手に接することが大切だ。

まとめ

清潔としつけの徹底で社風を変えよう
- ルール化+3K（決めたことを決めた通りにきちんとやる）で清潔な職場をつくる
- しつけの実践を通して，ルールの強制から習慣化，そして自動的な行動へと結び付ける
- しつけとは，褒めることとしかることである

コラム　習慣

　成功している人は良い習慣を身に付けている人だといえる。

　例えばある経営者は，毎朝4時に起床して顧客からのアンケートはがきに目を通し，さらに社員の車を清掃している。その結果，1件の喫茶店から事業を始めて，全国展開するまでになった。

　哲学者の森信三氏は，手紙を書く習慣について次のように言っている。「手紙の返事は，すぐにその場で片付けるのが賢明です。丁寧にと考えるより，むしろ，拙速を可とした方がいいですよ」(「現代の覚者たち」，致知出版社)。

　さらに，読書の習慣を持つ人は成長の速度が速い。
　「枕上の読書，馬上の読書，厠上の読書」という言葉がある。寝床や電車の中，トイレで読書をするという意味だ。電車の中で寝ている人やトイレで用を足すだけの人と，上記の「習慣」を持つ人とを比べると，長い時間がたつと大きな差になる。

　自転車に乗れる人と乗れない人とがいる。どこでそのような差が生まれるのだろうか。それはできるまで頑張る習慣を持つ人と，そのような習慣を持たない人との差だ。神様は一人ひとりに「あなたは◯時間練習すれば自転車に乗れる」という命令を出している。これが天命だ。

　人によっては10時間かもしれないし，500時間かかる人もいるかもしれない。500時間で自転車に乗れるという天命を受けている人は500時間練習しないと自転車に乗れないのに，499時間で練習をやめてしまうから自転車に乗れない。

　天才と言われるスポーツ選手も，天才なんかではなく，神様に与えられた命令以上の回数の練習を続けただけのことだ。他の人と違うところがあるとすれば，天命を超える回数の練習をする習慣が身に付いていた点だ。

　天命を知り，それを全うする習慣を持つ人だけが，成果を出すことができる。

　人がこのような習慣を持つに至るのは，両親や学校の先生のしつけのおかげである。洋服の仮縫いに使う糸のことを，しつけ糸という。仮に縫っておき，形が崩れないようにしてから本縫いをするのだ。

つまり、しつけ糸の役割は強制的につなぎ留めておくことである。正しい行動や言動が習慣化し、自動的になるまで強制的につなぎ留めておくことをしつけという。

先述の森信三氏は、しつけの3原則として次のように述べている。
「朝、必ず親にあいさつをする子にすること。親に呼ばれたら必ず、『はい』とはっきり返事のできる子にすること。履物を脱いだら必ずそろえ、席を立ったら必ずいすを入れる子にすること」（「現代の覚者たち」、致知出版社）。

しつけによって良い習慣が身に付き、それをやりきる人を育てる家庭や企業をつくりたいものである。

第7章
実データに学ぶ原価管理

　原価管理は，自社の実情に合った方法で実施するのがよい。そのために実際に必要になるのは，書式である。工夫された書式を使用することによって，スムーズな運用が可能になる。
　第7章では，実際に企業で使用されている原価管理の書式を掲載する。これらを参考にして，自社オリジナルの管理書式を作成してほしい。

1 実行予算書
第3章の2と3に記載した実行予算書の工事ごとの例

2 収支予定調書
第3章の4と5に記載した工事ごとの収支を一覧にしたもの

3 工事管理台帳
第3章の5に記載したすべての工事の収支を一覧にしたもの

4 原価管理マニュアル
第3章の1に記載したPDCAサイクルの工事ごとのマニュアル例

5 原価管理マニュアルの添付書式
原価管理マニュアルで使用する書式の例

資料：岡田工業，城東電機，名建商行，洞口

1 実行予算書

表7-1●実行予算総括表

工事番号			発注者					
工事名称								
契約工期	自 年 月 日			実施工期	自 年 月 日		予算書作成日	
	至 年 月 日				至 年 月 日		年 月 日	
A	請負金額			100%	工事場所			
B	直接工事費	材料費			担当課長			
		労務費			作業所長			
		外注費			担当者			
		計			支払い条件			
C	間接工事費	材料費				月 日		円
		労務費				月 日		円
		外注費				月 日		円
		計				月 日		円
D1	現場経費	現場人件費				月 日		円
D2		経費				月 日		円
(B+C+D1+D2) E 工事費								
A−(B+C+D1+D2) F 粗利益								
A−(B+C+D2) G 限界利益					現場担当者 1人当たり限界利益			
H 営業所経費(2.5%)					労働分配率 D1÷G			
I 本支店経費(2.5%)								
F−(H+I) 工事利益								

7-1 実行予算書

工　事　概　要
特記事項
工　事　概　要

表7-2 ● 実行予算書の直接工事費（建築工事）

番号	名称	規格	合計				材料費		
			単位	数量	単価	金額	数量	単価	
3	コンクリート工								
	ならしコンクリート	18-18-25N	m³	41.5	14,600	605,900	41.5	14,600	
	土間コンクリート	21-18-25N	m³	70.56	14,900	1,051,344	70.56	14,900	
	1F躯体	30-18-25N	m³	246.7	15,600	3,848,520	246.7	15,600	
	ならしコンクリート		人	2	16,000	32,000			
	土間コンクリート		人	4	16,000	64,000			
	1F躯体		人	11	16,000	176,000			
	小計					5,777,764			
4	内装工事								
	階段ノンスリップ		m	153.6	1,126	172,954			
	床シート張り	t=2.5	m²	390	1,334	520,260			
	天井PB張り	t=9.5目透かし	m²	322	417	134,274			
	小計					827,488			

7-1 実行予算書

金額	労務費			外注費			備考
	数量	単価	金額	数量	単価	金額	
605,900							
1,051,344							
3,848,520							
	2	16,000	32,000				10m^3/人
	4	16,000	64,000				23m^3/人
	11	16,000	176,000				24m^3/人
5,505,764			272,000			0	
				153.6	1,126	172,954	
				390	1,334	520,260	
				322	417	134,274	
0			0			827,488	

表7-3●実行予算書の直接工事費(土木工事)

番号	名称	規格	合計				材料費	
			単位	数量	単価	金額	数量	単価
8	型枠工	基礎1.2m打ち放し						
	大工		人	28	15,200	425,600		
	普通作業員		人	10	11,500	115,000		
	コンパネ		m²	235	1,000	235,000	235	1,000
	セパレーター	300mm	個	60	20	1,200	60	20
	単管	L5m	本	40	90	3,600	40	90
	金具		式	1		10,000		
	ユニック	4t	日	3	9,000	27,000		
	レッカー	20t	日	0.5	12,000	6,000		
	小計		m²	230	3,580	823,400		

7-1 実行予算書

金額	労務費			外注費			備考
	数量	単価	金額	数量	単価	金額	
	28	15,200	425,600				
	10	11,500	115,000				
235,000							
1,200							
3,600							
10,000							
				3	9,000	27,000	
				0.5	12,000	6,000	
249,800			540,600			33,000	

表7-4●実行予算書の間接工事費

番号	名称	規格	合計				材料費		
			単位	数量	単価	金額	数量	単価	
11	資材置き場管理								
	造成	バックホー	日	5	18,000	90,000			
	造成	オペレーター	人	5	10,500	52,500			
	周囲柵	単管	式	1	100,000	100,000	1	100,000	
		設置	人	10	9,000	90,000			
	管理	作業員	月	6	300,000	1,800,000			
	計					2,132,500			
12	足場費								
	外部足場		m²	3,860	950	3,667,000			
	はねだし足場		m	1,580	1,050	1,659,000			
	のぼり桟橋		カ所	6	28,700	172,200			
	支保工足場		m²	826	1,305	1,077,930			
	計					6,576,130			

7-1 実行予算書

金額	労務費 数量	単価	金額	外注費 数量	単価	金額	備考
				5	18,000	90,000	
	5	10,500	52,500				
100,000							
	10	9,000	90,000				
	6	300,000	1,800,000				
100,000			1,942,500			90,000	
				3,860	950	3,667,000	
				1,580	1,050	1,659,000	
				6	28,700	172,200	
				826	1,305	1,077,930	
	0		0			6,576,130	

第7章 実データに学ぶ原価管理

表7-5●実行予算書の現場経費

番号	名称	内容	数量	単位	単価
1	現場人件費				
	作業所長	1月~6月	6	月	625,000
	担当者	1月~4月	4	月	485,000
	小計				
2	車両費				
	作業所長バン	1月~6月	6	月	90,000
	担当者バン	1月~4月	4	月	90,000
	小計				
3	水道光熱費				
	高圧電力量	高圧	8	月	136,000
	低圧電力量	低圧	11	月	48,860
	水道料金		12	月	30,250
	灯油		500	ℓ	80
	小計				
4	安全対策費	表示板,安全用品	12	月	61,200
	ガードマン		30	人	10,000

金額	内訳
3,750,000	
1,940,000	
5,690,000	
540,000	○○レンタリース
360,000	○○レンタリース
900,000	
1,088,000	○○電力
537,460	○○電力
363,000	○○市
40,000	○○灯油店
2,028,460	
734,400	
300,000	

第7章　実データに学ぶ原価管理

表7-6●電気工事会社の実行予算書

工事実行予算書

件名	○○制御盤　設置工事
発注元	○○工業
見積金額	1,895,000

項目		見積金額		値決金額
		時間	金額	
労務費	制御盤組み	160.0	560,000	500,000
	操作盤組み	0.0	0	0
	現地工事	80.0	280,000	280,000
	外注	0.0	0	0
	設計	68.6	240,000	240,000
	その他　設計	0.0		
	試運転	57.1	200,000	180,000
	設計補助	0.0	0	0
	段取り	0.0	0	0
計			1,280,000	1,200,000
材料費	制御盤		345,000	300,000
	操作盤		0	0
	現地工事		200,500	200,000
	配線材料		30,000	30,000
	雑材消耗品		0	0
計			575,500	530,000
外注費			0	0
計			0	0
経費	工事責任者		0	0
	打ち合わせ		0	0
	諸経費		39,500	30,000
	申請など		0	0
計			39,500	30,000
合計			1,895,000	1,760,000

請負金額	実行予算額	予想粗利益率(%)
1,760,000	1,478,000	**16.0**

7-1 実行予算書

工期	○○年8月21日～10月8日
受注金額	1,760,000

単位(円)

実行予算		確定原価	対予算損益	発注先
時間	金額			
130.0	390,000	350,000	40,000	
0.0	0	0	0	
75.0	225,000	200,000	25,000	
0.0	0	0	0	
65.0	195,000	180,000	15,000	
0.0	0	0	0	
53.0	159,000	140,000	19,000	
0.0	0	0	0	
0.0	0	0	0	
	969,000	870,000	99,000	
	240,000	235,000	5,000	
	0	0	0	
	165,000	150,000	15,000	
	24,000	23,000	1,000	
	0	0	0	
	429,000	408,000	21,000	
	50,000	65,000	-15,000	
	50,000	65,000	-15,000	
	0	0	0	
	0	0	0	
	30,000	45,000	-15,000	
	0	0	0	
	30,000	45,000	-15,000	
	1,478,000	1,388,000	90,000	

確定原価	粗利益率(%)	対予算損益	確定粗利益
1,388,000	21.1	90,000	372,000

2 収支予定調書

表7-7●収支予定調書

発注者	△△△法人　○○○		請負金額			
工事名	○○○○　新築工事		契約日	税抜契約額	消費税	税込契約額
工事場所	愛知県○○市▲▲町■■地内		○年○月○日	940,000,000	47,000,000	987,000,000
工期	自：平成○○年○○月○○日			0	0	0
	至：平成○○年○○月○○日			0	0	0
その他				0	0	0
				0	0	0
			合計	940,000,000	47,000,000	987,000,000

番号	工種	① 実行予算額	② 変更増減額	③=①+② 変更後実行予算額	外注費 ④ 契約額	④' 未契約額	⑤ 変更額	⑥=④+④'+⑤ 最終契約額	⑦ 支払い済額	⑧=⑥-⑦ 支払い残額
1	共通仮設工事	29,880,550	0	29,880,550	1,000,000	3,000,000	0	4,000,000	0	4,000,000
2	直接仮設工事	18,889,250	0	18,889,250	2,800,000	9,000,000	0	11,800,000	0	11,800,000
3	土・地業工事	6,476,375	0	6,476,375	0	0	0	0	0	0
4	杭工事	29,000,000	0	29,000,000	29,000,000	0	1,000,000	30,000,000	5,000,000	25,000,000
5	コンクリート工事	47,190,038	0	47,190,038	0	0	0	0	0	0
6	型枠工事	56,425,200	0	56,425,200	53,000,000	0	0	53,000,000	300,000	52,700,000
7	鉄筋工事	52,259,816	0	52,259,816	20,000,000	0	0	20,000,000	1,400,000	18,600,000
8	鉄骨工事	4,300,000	0	4,300,000	4,000,000	0	0	4,000,000	500,000	3,500,000
9	組積工事	600,000	0	600,000	0	600,000	0	600,000	0	600,000
10	屋根工事	360,000	0	360,000	0	360,000	0	360,000	0	360,000
11	防水工事	16,000,000	0	16,000,000	0	16,000,000	0	16,000,000	0	16,000,000
12	石工事	3,300,000	0	3,300,000	0	3,300,000	0	3,300,000	0	3,300,000
13	左官工事	16,000,000	0	16,000,000	0	16,000,000	0	16,000,000	0	16,000,000
14	タイル工事	18,500,000	0	18,500,000	0	18,500,000	0	18,500,000	0	18,500,000
15	木工事	9,000,000	0	9,000,000	0	9,000,000	0	9,000,000	0	9,000,000
16	金属工事	24,500,000	0	24,500,000	0	24,500,000	0	24,500,000	0	24,500,000
17	木製建具工事	4,500,000	0	4,500,000	0	4,500,000	0	4,500,000	0	4,500,000
18	金属製建具工事	42,000,000	0	42,000,000	0	42,000,000	0	42,000,000	0	42,000,000
19	ガラス工事	8,500,000	0	8,500,000	0	8,500,000	0	8,500,000	0	8,500,000
20	塗装工事	4,900,000	0	4,900,000	0	4,900,000	0	4,900,000	0	4,900,000
21	内装工事	41,000,000	0	41,000,000	0	41,000,000	0	41,000,000	0	41,000,000
22	昇降機設備工事	8,000,000	0	8,000,000	7,000,000	0	0	7,000,000	0	7,000,000
23	仕上げユニット工事	34,000,000	0	34,000,000	0	34,000,000	0	34,000,000	0	34,000,000
24	家具工事	12,000,000	0	12,000,000	0	12,000,000	0	12,000,000	0	12,000,000
25	雑工事	4,300,000	0	4,300,000	0	4,300,000	0	4,300,000	0	4,300,000
26	渡り廊下・既設改修	20,918,000	0	20,918,000	0	20,918,000	0	20,918,000	0	20,918,000
27	車庫棟A	6,976,000	0	6,976,000	0	6,976,000	0	6,976,000	0	6,976,000
28	車庫棟B	13,197,000	0	13,197,000	0	13,197,000	0	13,197,000	0	13,197,000
29	車庫棟C	25,385,000	0	25,385,000	0	25,385,000	0	25,385,000	0	25,385,000
30	プール濾過機棟	5,178,000	0	5,178,000	0	5,178,000	0	5,178,000	0	5,178,000
31	機械設備工事	103,000,000	0	103,000,000	0	103,000,000	0	103,000,000	0	103,000,000
32	電気設備工事	67,000,000	0	67,000,000	0	67,000,000	0	67,000,000	0	67,000,000
33	外構・造成工事	15,000,000	0	15,000,000	0	15,000,000	0	15,000,000	0	15,000,000
34	変更増床工事	0	0	0	0	0	0	0	0	0
35	既設修理工事	2,500,000	0	2,500,000	0	2,500,000	0	2,500,000	0	2,500,000
36	予備費	4,000,000	0	4,000,000	0	0	0	0	0	0
37	作業所経費	79,067,080	0	79,067,080						
	現場支出額	834,102,309	0	834,102,309	116,800,000	510,614,000	1,000,000	628,414,000	7,200,000	621,214,000
	粗利益	105,897,691		105,897,691						
	粗利益率	11.27%		11.27%						

228

7-2 収支予定調書

変更契約前請負予定額		
変更依頼日	税抜契約予定額	消費税
○年○月○日	1,000,000	50,000
合計	1,000,000	50,000

外注以外				実行予算過不足				変更契約前工事			最終原価予想額
⑨	⑩	⑪	⑫=⑨+⑩-⑪	⑬=⑦+⑧+⑪+⑫	⑭=③-⑬	⑮=⑦+⑪	⑯=⑮/⑬	⑰	⑱	⑲=⑰-⑱	⑬+⑱
支払い予定額	変更額	支払い済額	支払い残額	原価予想額	実行予算過不足	支払い済額合計	進捗率	変更予算額	変更工事原価	変更工事原価過不足	
25,380,550	0	500,000	24,880,550	29,380,550	500,000	500,000	1.7%	0	0	0	29,380,550
6,089,250	0	750,000	5,339,250	17,889,250	1,000,000	750,000	4.2%	0	0	0	17,889,250
6,476,375	0	4,000,000	2,476,375	6,476,375	0	4,000,000	61.8%	0	0	0	6,476,375
0	0	0	0	30,000,000	-1,000,000	5,000,000	16.7%	0	0	0	30,000,000
47,190,038	0	0	47,190,038	47,190,038	0	0	0.0%	0	0	0	47,190,038
225,200	0	0	225,200	53,225,200	3,200,000	300,000	0.6%	0	0	0	53,225,200
28,351,736	0	0	28,351,736	48,351,736	3,908,080	1,400,000	2.9%	0	0	0	48,351,736
0	0	0	0	4,000,000	300,000	500,000	12.5%	700,000	500,000	200,000	4,500,000
0	0	0	0	600,000	0	0	0.0%	0	0	0	600,000
0	0	0	0	360,000	0	0	0.0%	0	0	0	360,000
0	0	0	0	16,000,000	0	0	0.0%	0	0	0	16,000,000
0	0	0	0	3,300,000	0	0	0.0%	0	0	0	3,300,000
0	0	0	0	16,000,000	0	0	0.0%	0	0	0	16,000,000
0	0	0	0	18,500,000	0	0	0.0%	0	0	0	18,500,000
0	0	0	0	9,000,000	0	0	0.0%	0	0	0	9,000,000
0	0	0	0	24,500,000	0	0	0.0%	0	0	0	24,500,000
0	0	0	0	4,500,000	0	0	0.0%	0	0	0	4,500,000
0	0	0	0	42,000,000	0	0	0.0%	0	0	0	42,000,000
0	0	0	0	8,500,000	0	0	0.0%	0	0	0	8,500,000
0	0	0	0	4,900,000	0	0	0.0%	0	0	0	4,900,000
0	0	0	0	41,000,000	0	0	0.0%	0	0	0	41,000,000
0	0	0	0	7,000,000	1,000,000	0	0.0%	0	0	0	7,000,000
0	0	0	0	34,000,000	0	0	0.0%	0	0	0	34,000,000
0	0	0	0	12,000,000	0	0	0.0%	0	0	0	12,000,000
0	0	0	0	4,300,000	0	0	0.0%	0	0	0	4,300,000
0	0	0	0	20,918,000	0	0	0.0%	0	0	0	20,918,000
0	0	0	0	6,976,000	0	0	0.0%	0	0	0	6,976,000
0	0	0	0	13,197,000	0	0	0.0%	0	0	0	13,197,000
0	0	0	0	25,385,000	0	0	0.0%	0	0	0	25,385,000
0	0	0	0	5,178,000	0	0	0.0%	0	0	0	5,178,000
0	0	0	0	103,000,000	0	0	0.0%	0	0	0	103,000,000
0	0	0	0	67,000,000	0	0	0.0%	0	0	0	67,000,000
0	0	0	0	15,000,000	0	0	0.0%	0	0	0	15,000,000
0	0	0	0	0	0	0	0.0%	0	0	0	0
0	0	0	0	2,500,000	0	0	0.0%	0	0	0	2,500,000
4,000,000	0	700,000	3,300,000	4,000,000	0	700,000	17.5%	0	0	0	4,000,000
79,067,080	0	0	79,067,080	79,067,080	0	0	0.0%	0	0	0	79,067,080
196,780,229	0	5,950,000	190,830,229	825,194,229	8,908,080	13,150,000	1.6%	700,000	500,000	200,000	825,694,229
				114,805,771							114,305,771
				12.21%							12.16%

229

3 工事管理台帳

表7-8●工事管理台帳

工事				工事名称	発注者	担当者	協力会社	受注額(千円)				実行額(千円)	
工事番号								当初請負金額	実行予算額	粗利益	粗利益率	変更後請負金額	増額・減額(見込み)
元請下請	業種	年度	番号					①	②	③=①−②	④=③/①×100	⑤	
001	1	17	1	○○産業	○○○	田中○○	▲▲▲	4,500,000	4,050,000	450,000	10.00	4,500,000	
001	1	17	2	□□工業(株)南営業所	□□□	田中○○	○○	7,900,000	5,530,000	2,370,000	30.00	7,900,000	1,500,000
001	1	17	3	△△市再開発	△△△	山本○○	▲▲▲	750,000	660,000	90,000	12.00	960,000	
001	1	17	4	安全興業新社屋	○○○	山本○○	▲▲▲	3,300,000	2,706,000	594,000	18.00	3,300,000	900,000
001	1	17	5	▲▲▲諸口	□□□	山本○○	▲▲▲	180,000	144,000	36,000	20.00	180,000	20,000
001	1	17	6	●●会社新社屋	△△△	田中○○	▲▲▲	3,000,000	2,640,000	360,000	12.00	3,000,000	1,000,000
001	1	17	7	□□大学 増築	○○○	鈴木△△	○○○	7,000,000	4,921,000	2,079,000	29.70	7,400,000	
001	1	17	8	○○車体 南営業所	□□□	山本○○	ベスト■■	4,000,000	3,200,000	800,000	20.00	3,800,000	
001	1	17	9	新●●センター	△△△	山本○○	○○○	1,450,000	1,247,000	203,000	14.00	1,530,000	
001	1	17	10	○○ハウス	○○○	鈴木△△	●井	1,400,000	980,000	420,000	30.00	1,550,000	
001	1	17	11	役場庁舎増築	□□□	山本○□	●●建材	58,664,000	46,931,200	11,732,800	20.00	58,664,000	
001	1	17	12	●●駅前商店街	△△△	田中○○	○○	12,000,000	9,600,000	2,400,000	20.00	12,200,000	
001	1	17	13	●●再開発	△△△	田中○○	○○	11,000,000	8,910,000	2,090,000	19.00	11,000,000	
001	1	17	14	県庁舎改築	□□□	田中○○	○○○	1,050,000	840,000	210,000	20.00	1,050,000	
001	1	17	15	保育園新築	△△△	山本○○	○○○	500,000	355,000	145,000	29.00	420,000	
001	1	17	16	△△工業 新社屋	○○○	鈴木△△	▲▲▲	3,900,000	2,730,000	1,170,000	30.00	3,260,000	
001	1	17	17	太平洋住宅 1期	□□□	田中○○	■■建材	2,360,000	1,652,000	708,000	30.00	2,360,000	
001	1	17	18	太平洋住宅 2期	△△△	田中○○	○○○	4,100,000	2,870,000	1,230,000	30.00	5,760,000	
001	1	17	19	合同庁舎耐震補強	□□□	田中○○	○○○	600,000	420,000	180,000	30.00	1,000,000	
001	1	17	20	●●ビル新築工事	□□□	山本○□	●●建材	3,500,000	2,870,000	630,000	18.00	3,500,000	
001	1	17	21	○○保険サービスセンター	△△△	鈴木△△	○○○	200,000	160,000	40,000	20.00	200,000	
001	1	17	22	○○庁舎改築	□□□	田中○○	●●●	4,900,000	3,969,000	931,000	19.00	4,900,000	
001	1	17	23	○○製薬○○2号棟	□□□	鈴木△△	○○○	1,000,000	750,000	250,000	25.00	1,000,000	
001	1	17	24	▲▲自動車 ○○営業所	△△△	山本○○	○○○	1,500,000	1,080,000	420,000	28.00	1,500,000	
001	1	17	25	■■大学耐震	□□□	山本○○	○○○	560,000	442,400	117,600	21.00	560,000	
001	1	17	26	□□村役場車庫棟改修	□□□	田中○○	○○○	3,800,000	2,660,000	1,140,000	30.00	1,300,000	
002	1	17	27	△△地区諸口工事	■■興業	鈴木△△	○○○	349,000	244,300	104,700	30.00	349,000	
002	1	17	28	○○役場庁舎増築	△△工務店	山本○○	○○○	750,000	652,500	97,500	13.00	750,000	150,000
002	1	17	29	老人保健施設○○○○	○○建設	田中○○	●●●	6,520,000	5,672,400	847,600	13.00	6,520,000	
002	1	17	30	□□倉庫	●●建設	山本○□	■■建材	620,000	492,900	127,100	20.50	1,220,000	
002	1	17	31	●●駅再開発	□□建設	田中○○	●●	23,500,000	18,800,000	4,700,000	20.00	23,500,000	
002	1	17	32	■■駅前西商店街	□□建設	田中○○	○○○	400,000	280,000	120,000	30.00	400,000	
002	1	17	33	YM邸	□□建設	田中○○	▲▲建材	900,000	675,000	225,000	25.00	900,000	
002	1	17	34	▲▲5丁目ビル	●●建設	山本○○	▲▲建材	500,000	355,000	145,000	29.00	500,000	
002	1	17	35	○○ビル改装	○○工務店	山本○○	■■建材	1,890,000	1,436,400	453,600	24.00	1,890,000	
002	1	17	36	●●地区諸口工事	●●建設	山本○○	○○○	1,720,000	1,530,800	189,200	11.00	1,720,000	
002	1	17	37	▲▲地区諸口工事	●●建設	山本○○	○○○	2,100,000	1,554,000	546,000	26.00	2,100,000	
002	1	17	38	▲▲区諸口工事	●●建設	山本○○	○○○	668,500	508,060	160,440	24.00	668,500	
002	1	17	39	支店○○センター	△△工務店	山本○○	●●建材	3,670,000	3,082,800	587,200	16.00	3,670,000	
002	1	17	40	県庁舎改築	○○工務店	山本○○	▲▲▲	3,000,000	2,400,000	600,000	20.00	3,000,000	
002	1	17	41	保育園新築	○○工務店	山本○○	○○○	1,900,000	1,330,000	570,000	30.00	1,900,000	
002	1	17	42	合同庁舎耐震補強	●●建設	山本○□	○○○	380,000	288,800	91,200	24.00	380,000	200,000
				合 計				191,981,500	151,620,560	40,360,940	20.0	192,261,500	3,770,000

7-3 工事管理台帳

累計請負金額 ⑥	残工工事費（見込み）⑦	累計工事費（見込み）⑧=⑥+⑦	限界利益 ⑨=⑤−⑧	限界利益率(%) ⑩=⑨/⑤×100	工事 完成	工事 未成	入金予定額 ⑤	入金額 ⑪	残入金額 ⑫=⑤−⑪	支払額 ⑥	残支払額 ⑬=⑧−⑥
3,950,158	100,000	4,050,158	449,842	10.00		○	4,500,000	900,000	3,600,000	3,950,158	100,000
5,207,082	500,000	5,707,082	2,192,918	27.76		○	7,900,000	1,580,000	6,320,000	5,207,082	500,000
420,000	400,000	820,000	140,000	14.58		○	960,000	480,000	480,000	420,000	400,000
2,500,000	400,000	2,900,000	400,000	12.12		○	3,300,000	1,650,000	1,650,000	2,500,000	400,000
100,000	50,000	150,000	30,000	16.67		○	180,000	80,000	100,000	100,000	50,000
1,230,740	1,500,000	2,730,740	269,260	8.98		○	3,000,000	600,000	2,400,000	1,230,740	1,500,000
5,520,865	0	5,520,865	1,879,135	25.39	○		7,400,000	3,700,000	3,700,000	5,520,865	0
3,057,285	0	3,057,285	742,715	19.55	○		3,800,000	3,800,000	0	3,057,285	0
1,609,355	0	1,609,355	▲79,355	-5.19	○		1,530,000	1,530,000	0	1,609,355	0
1,075,745	0	1,075,745	474,255	30.60	○		1,550,000	1,550,000	0	1,075,745	0
52,250,000	0	52,250,000	6,414,000	10.93	○		58,664,000	29,332,000	29,332,000	52,250,000	0
10,027,124	0	10,027,124	2,172,876	17.81	○		12,200,000	12,200,000	0	10,027,124	0
8,537,553	0	8,537,553	2,462,447	22.39	○		11,000,000	5,500,000	5,500,000	8,537,553	0
846,580	251,200	1,097,780	▲47,780	-4.55		○	439,000	87,800	351,200	846,580	251,200
150,590	157,000	307,590	112,410	26.76		○	420,000	84,000	336,000	150,590	157,000
1,958,000	0	1,958,000	1,302,000	39.94	○		3,260,000	1,630,000	1,630,000	1,958,000	0
399,000	1,180,000	1,579,000	781,000	33.09		○	2,360,000	472,000	1,888,000	399,000	1,180,000
4,000,939	0	4,000,939	1,759,061	30.54	○		5,760,000	2,880,000	2,880,000	4,000,939	0
739,550	0	739,550	260,450	26.05	○		1,000,000	1,000,000	0	739,550	0
2,859,490	0	2,859,490	640,510	18.30	○		3,500,000	1,750,000	1,750,000	2,859,490	0
159,500	0	159,500	40,500	20.25	○		200,000	200,000	0	159,500	0
5,320,000	0	5,320,000	▲420,000	-8.57	○		4,900,000	980,000	3,920,000	5,320,000	0
800,000	0	800,000	200,000	20.00	○		1,000,000	1,000,000	0	800,000	0
1,300,000	0	1,300,000	200,000	13.33	○		1,500,000	1,500,000	0	1,300,000	0
420,000	0	420,000	140,000	25.00	○		560,000	560,000	0	420,000	0
868,000	0	868,000	432,000	33.23	○		1,300,000	1,300,000	0	868,000	0
245,000		245,000	104,000	29.80	○		349,000	349,000	0	245,000	0
120,000	550,000	670,000	80,000	10.67		○	750,000	300,000	450,000	120,000	550,000
5,650,000	0	5,650,000	870,000	13.34	○		6,520,000	3,070,000	3,450,000	5,650,000	0
912,000	0	912,000	308,000	25.25	○		1,220,000	244,000	976,000	912,000	0
18,930,000	0	18,930,000	4,570,000	19.45	○		23,500,000	7,180,000	16,320,000	18,930,000	0
280,000	0	280,000	120,000	30.00	○		400,000	80,000	320,000	280,000	0
660,912	0	660,912	239,088	26.57	○		900,000	851,824	48,176	660,912	0
50,000	305,000	355,000	145,000	29.00		○	500,000	200,000	300,000	50,000	305,000
435,700	1,200,000	1,635,700	254,300	13.46		○	1,890,000	690,700	1,199,300	435,700	1,200,000
500,000	860,000	1,360,000	360,000	20.93		○	1,720,000	860,000	860,000	500,000	860,000
0	1,680,000	1,680,000	420,000	20.00		○	2,100,000	420,000	1,680,000	0	1,680,000
179,335	334,250	513,585	154,915	23.17		○	668,500	490,170	178,330	179,335	334,250
0	2,936,000	2,936,000	734,000	20.00		○	3,670,000	734,000	2,936,000	0	2,936,000
2,350,000	0	2,350,000	650,000	21.67	○		3,000,000	1,500,000	1,500,000	2,350,000	0
1,250,000	0	1,250,000	650,000	34.21	○		1,900,000	1,900,000	0	1,250,000	0
50,000	240,000	290,000	90,000	23.68		○	380,000	0	380,000	50,000	240,000
146,920,503	12,643,450	159,563,953	32,697,547	20.6			191,650,500	95,215,494	96,435,006	146,920,503	12,643,450

4 原価管理マニュアル

原価管理マニュアル

第1版

〇〇建設株式会社

7-4 原価管理マニュアル

表7-9●制定・改訂履歴

版	制定・改訂日	改訂内容	承認	
			MS委員長	社長
1	2006年7月1日	制定		

1. 目的

このマニュアルは○○建設株式会社の予算管理について統一的な運用を図り，利益を確保することを目的とする。
（社外秘文書であるので保管には十分注意すること）。

用語の定義
・物件工事1：請負金額500万円以上の工事別番号付き工事。
・物件工事2：請負金額500万円未満の工事別番号付き工事。
・小　工　事：担当者雑番号付き工事

2. 適用範囲

下図，原価管理のP，D，C，AのうちのDを適用範囲とする。

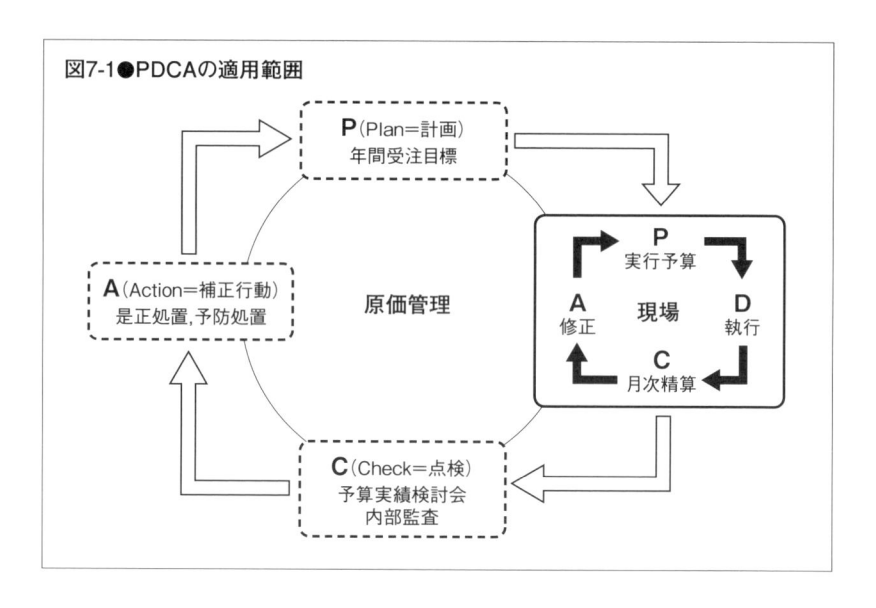

図7-1●PDCAの適用範囲

3．予算構成

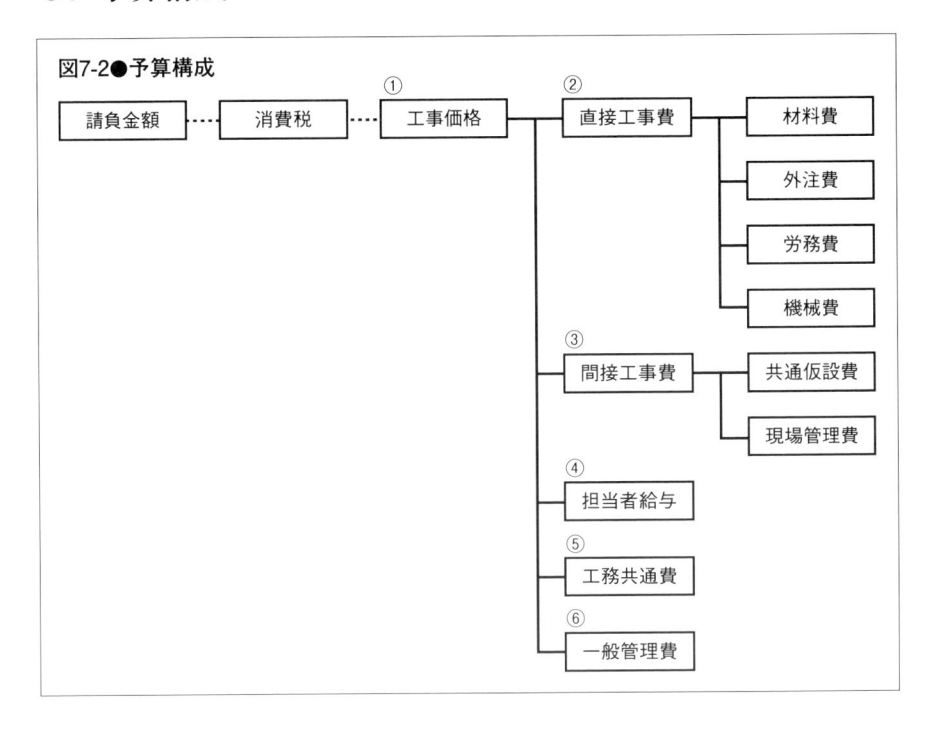

図7-2●予算構成

```
請負金額 ---- 消費税 ---- ① 工事価格 ┬ ② 直接工事費 ┬ 材料費
                                    │              ├ 外注費
                                    │              ├ 労務費
                                    │              └ 機械費
                                    ├ ③ 間接工事費 ┬ 共通仮設費
                                    │              └ 現場管理費
                                    ├ ④ 担当者給与
                                    ├ ⑤ 工務共通費
                                    └ ⑥ 一般管理費
```

※共通仮設費
　運搬費，準備費，事業損失防止施設費，安全費，役務費，技術管理費，営繕費，仮設費，イメージアップ
※現場管理費
　工事を管理するために必要な共通仮設費以外の経費をいう。
※工務共通費
　工事を管理するために必要な事務用品などをいう。
※一般管理費
　○○建設㈱の継続運営に必要な費用をいう。

利益＝①−(②＋③＋④＋⑤＋⑥)
現場利益＝①−(②＋③＋④＋⑤)
粗利益＝①−(②＋③)

4．実行予算作成

（1）目的
　　当社が目標とする利益を確保するために，物件工事1と2について工事着手前までに適正な実行予算書を作成する。なお，小工事については，担当部長が必要と判断した場合のみ，実行予算書を作成する。

（2）責任
　　　実行予算書作成………………………………現場代理人
　　　実行予算書作成支援・仮承認……………担当統括工事長
　　　実行予算書仮承認……………………………担当部長
　　　実行予算書承認………………………………部門長会議

（3）手順
　　実行予算書の作成手順については，予算管理フローの「実行予算作成」を参照のこと。受注形態別の目標粗利益率を以下に示す。

　　　官庁元請……………20％　　　民間元請……………15％
　　　官庁下請……………12％　　　民間下請……………12％

　　この目標粗利益率以上の粗利益率となるように実行予算書を作成していく。

担当者給与の設定
　　　5等級　　〇〇円／月　　　4等級　　〇〇円／月
　　　3等級　　〇〇円／月　　　2等級　　〇〇円／月
　　　1等級　　〇〇円／月

工務共通費の設定
　　工事価格からの率計上（各年度初めに計上率決定）。

一般管理費の設定
　　工事価格からの率計上（各年度初めに計上率決定）。

(4) 使用帳票名

工事部
- 実行予算総括表
- 実行予算内訳書
- 直接工事費明細書
- 間接工事費明細書

｝この4帳票を総括して「実行予算書」と呼ぶ。

5．購買管理

(1) 目的

以下の①〜③に挙げた目標を達成するために，物件工事1および各部門長が必要と認めた工事について，工事着手前までに購買管理を行う。

①発注金額の低減
②新規業者開拓
③購入掛け率のデータベースの構築

また，実行予算承認前に部分的に工事を発注するときは，発注経過管理にて発注金額および発注先の承認を受ける。

(2) 責任

- 見積もり収集 ……………………… 現場代理人
- 発注経過表の作成・登録 ………… 現場代理人
- 発注経過管理での確認 …………… 担当統括工事長または担当部長
- 発注金額の承認 …………………… 部門長会議

(3) 手順

購買管理の手順については，予算管理フローの「購買管理」を参照のこと。

(4) 使用帳票名

発注経過表

6．月次決算
(1) 目的
　　各現場が毎月実行予算通りに進ちょく，支払いが行われているか，または今後の入金および支払いがどのように推移するかをチェックするために物件工事1と2について月次入出金管理を実行する。
(2) 責任
　　入出金調書の作成……………………………現場代理人
　　工事精算書入出金管理の登録・確認……担当統括工事長
　　工事精算書入出金管理の承認……………担当部長

(3) 手順
　　月次精算手順については，予算管理フローの「月次精算」を参照のこと。
(4) 使用帳票名
　　入出金調書

7．最終精算
(1) 目的
　　当社の決算予測をより正確に把握するため，さらに各現場の実績を検討するために最終精算を実行する。
(2) 責任
　　最終精算書（実行予算総括表および入出金調書を利用）作成
　　　………………………………………………現場代理人
　　工事精算書入出金管理の登録・確認……担当統括工事長
　　工事精算書入出金管理の承認……………担当部長
(3) 手順
　　最終精算手順については，予算管理フローの「最終精算」を参照のこと。
(4) 使用帳票名
　　入出金調書
　　実行予算総括表

7-4 原価管理マニュアル

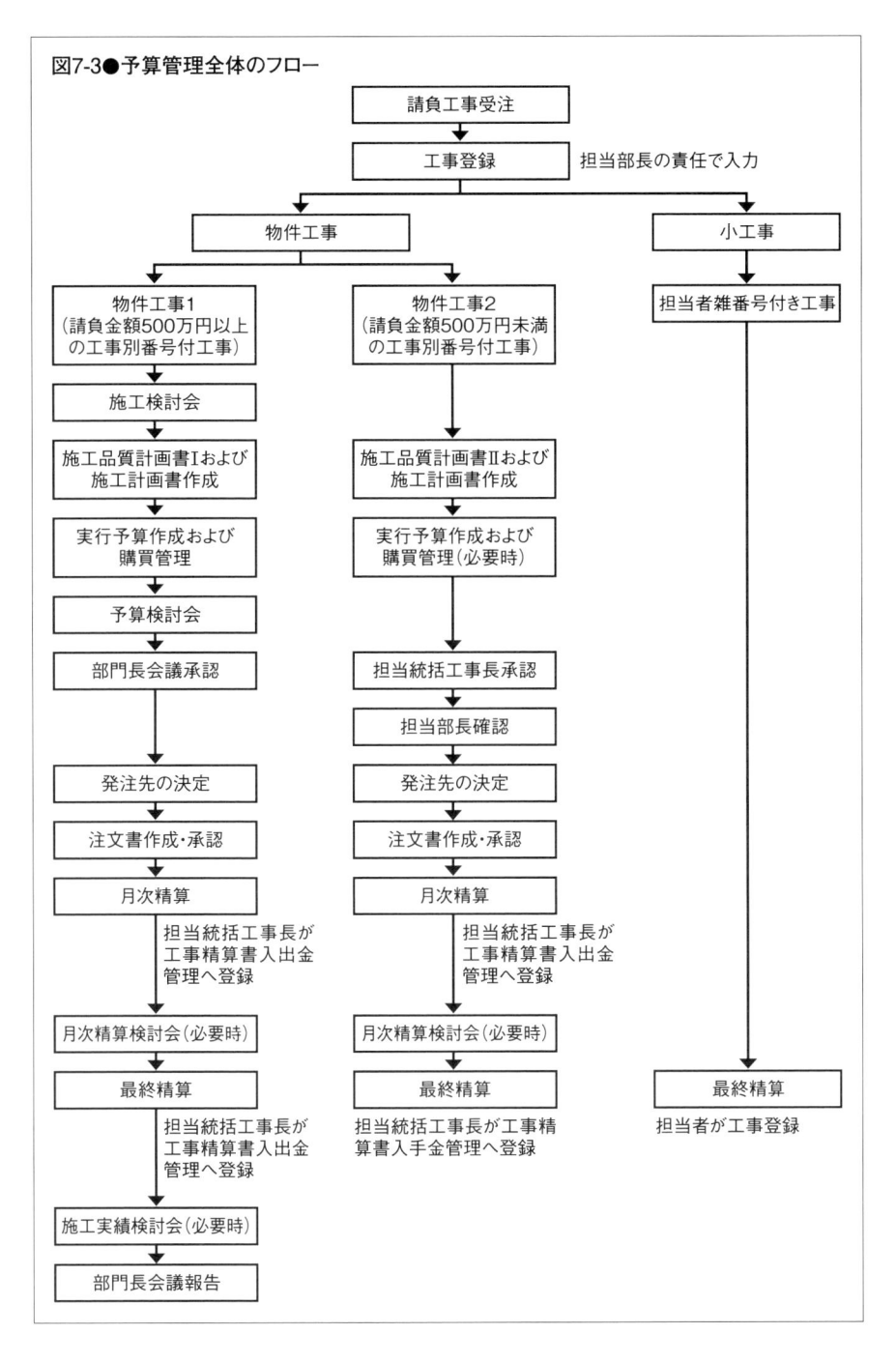

図7-3●予算管理全体のフロー

```
                    請負工事受注
                         ↓
                    工事登録        担当部長の責任で入力
            ┌────────┴────────┐
         物件工事              小工事
      ┌─────┴─────┐              ↓
   物件工事1         物件工事2      担当者雑番号付き工事
（請負金額500万円以上  （請負金額500万円未満
  の工事別番号付工事）  の工事別番号付工事）
      ↓                  ↓
   施工検討会             ↓
      ↓                  ↓
 施工品質計画書Ⅰおよび   施工品質計画書Ⅱおよび
 施工計画書作成          施工計画書作成
      ↓                  ↓
 実行予算作成および      実行予算作成および
 購買管理               購買管理（必要時）
      ↓                  ↓
  予算検討会           担当統括工事長承認
      ↓                  ↓
 部門長会議承認          担当部長確認
      ↓                  ↓
  発注先の決定           発注先の決定
      ↓                  ↓
  注文書作成・承認       注文書作成・承認
      ↓                  ↓
   月次精算              月次精算
 担当統括工事長が      担当統括工事長が
 工事精算書入出金       工事精算書入出金
 管理へ登録            管理へ登録
      ↓                  ↓
 月次精算検討会（必要時） 月次精算検討会（必要時）
      ↓                  ↓
   最終精算              最終精算            最終精算
 担当統括工事長が      担当統括工事長が工事精   担当者が工事登録
 工事精算書入出金       算書入手金管理へ登録
 管理へ登録
      ↓
 施工実績検討会（必要時）
      ↓
  部門長会議報告
```

第7章 実データに学ぶ原価管理

図7-4●予算管理フロー「実行予算作成」①

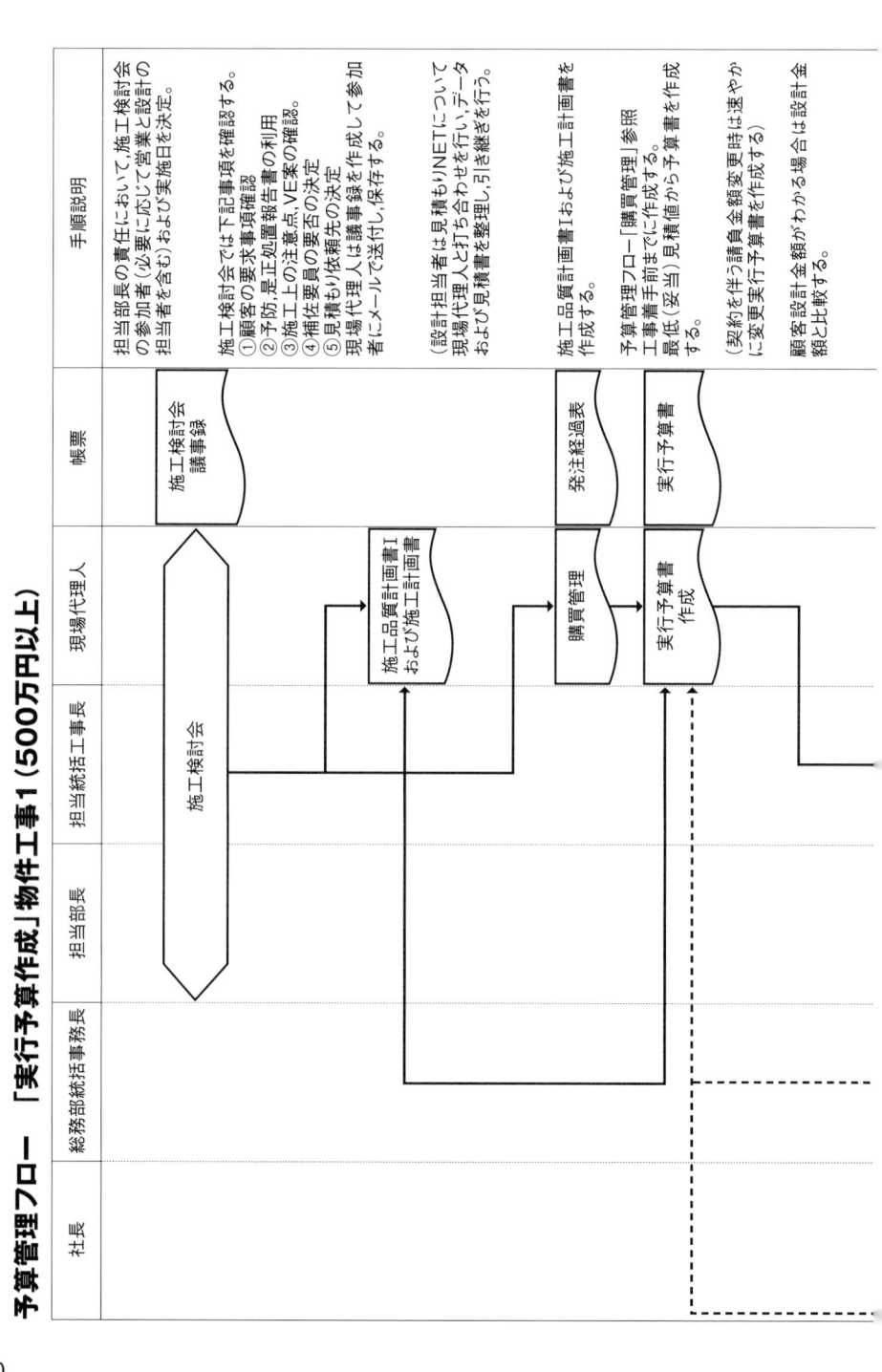

予算管理フロー 「実行予算作成」物件工事１（500万円以上）

社長	総務部統括事務長	担当部長	担当統括工事長	現場代理人	帳票	手順説明
			施工検討会		施工検討会議事録	担当部長の責任において、施工検討会の参加者（必要に応じて営業と設計の担当者を含む）および実施日を決定する。
						施工検討会では下記事項を確認する。 ①顧客の要求事項確認 ②予防、是正処置報告書の利用 ③施工上の注意点、VE案の確認 ④補佐要員の要否の決定 ⑤見積もり依頼先の決定 現場代理人は議事録を作成し、参加者にメールで送付し、保存する。
				施工品質計画書Ⅰおよび施工計画書		施工品質計画書Ⅰおよび施工計画書を作成する。
				購買管理	発注経過表	（設計担当者は見積もりNETについて現場代理人と打ち合わせを行い、データおよび見積書を整理し、引き継ぎを行う。） 予算管理フロー「購買管理」参照 工事着手前までに作成する。
				実行予算書作成	実行予算書	最低（妥当）見積値から予算書を作成する。
						（契約を伴う請負金額変更時は速やかに変更実行予算書を作成する。） 顧客設計金額がわかる場合は設計金額と比較する。

240

7-4 原価管理マニュアル

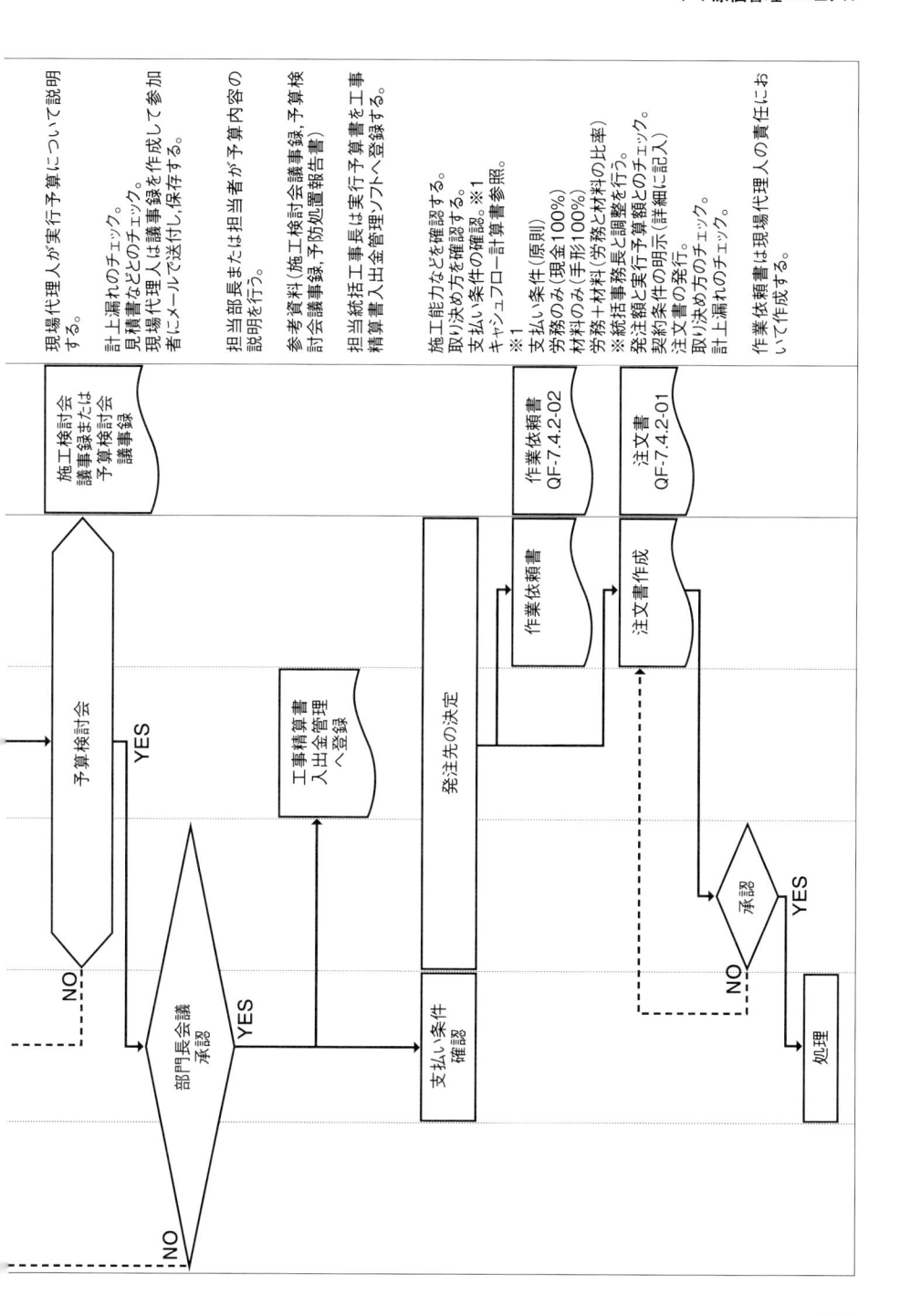

フロー説明

- 現場代理人が実行予算について説明する。
- 計上漏れのチェック。見積書などのチェック。
- 現場代理人は議事録を作成し、保存する。参加者にメールで送付し保存する。

- 担当部長または担当者が予算内容の説明を行う。
- 参考資料（施工検討会議事録、予防処置報告書）
- 担当統括工事長は実行予算書を工事精算書入出金管理ソフトへ登録する。

- 施工能力などを確認する。
- 取り決め方を確認する。
- 支払い案件の確認。※1 キャッシュフロー計算書参照。
- ※1
  - 支払い案件（原則）
  - 労務のみ（現金100%）
  - 材料のみ（手形100%）
  - 労務＋材料（労務と材料の比率）
- ※統括事務長と実行予算との調整を行う。
- 発注統括額と実行予算額とのチェックを行う。
- 契約条件の明示（詳細に記入）
- 注文書の発行。
- 取り決め方のチェック。
- 計上漏れのチェック。

- 作業依頼書は現場代理人の責任において作成する。

帳票

- 施工検討会議事録または施工検討会予算検討議事録
- 作業依頼書 QF-7.4.2-02
- 注文書 QF-7.4.2-01

フロー図（記号）

予算検討会 → YES/NO
部門長会議 承認 → YES/NO
工事精算書入出金管理へ登録
発注先の決定
作業依頼書 作成
注文書 作成
支払い案件 確認
承認 → YES/NO
処理

第7章 実データに学ぶ原価管理

図7-5●予算管理フロー「実行予算作成」②

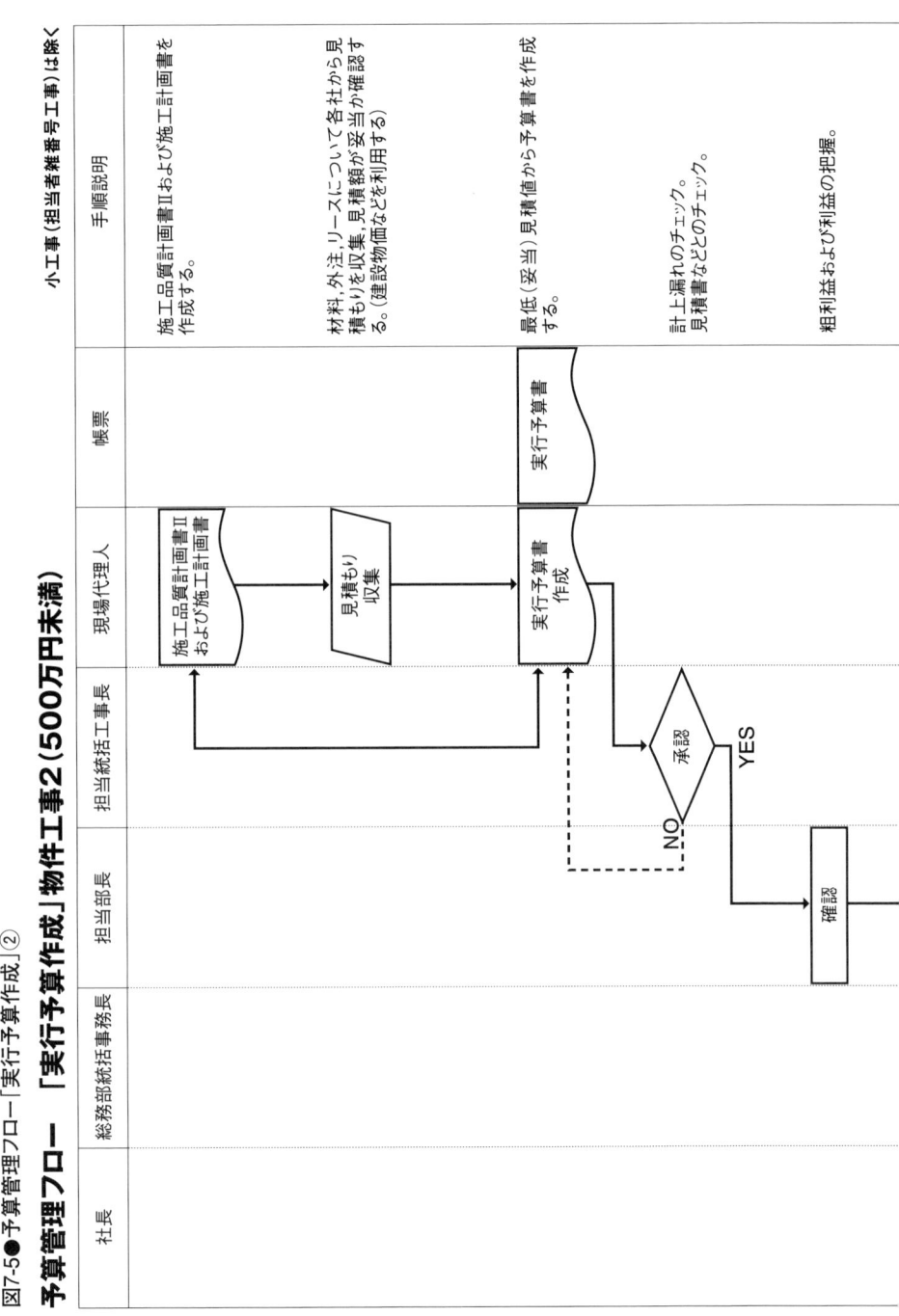

予算管理フロー 「実行予算作成」物件工事2（500万円未満）

小工事（担当者雑番号工事）は除く

社長	総務部統括事務長	担当部長	担当統括工事長	現場代理人	帳票	手順説明
				施工品質計画書Ⅱおよび施工計画書		施工品質計画書Ⅱおよび施工計画書を作成する。
				見積もり収集		材料、外注、リースについて各社から見積もりを収集、見積額が妥当か確認する。（建設物価などを利用する）
				実行予算書作成	実行予算書	最低（妥当）見積値から予算書を作成する。
			承認 NO→ / YES↓			計上漏れのチェック。見積書などとのチェック。
		確認				粗利益および利益の把握。

242

7-4 原価管理マニュアル

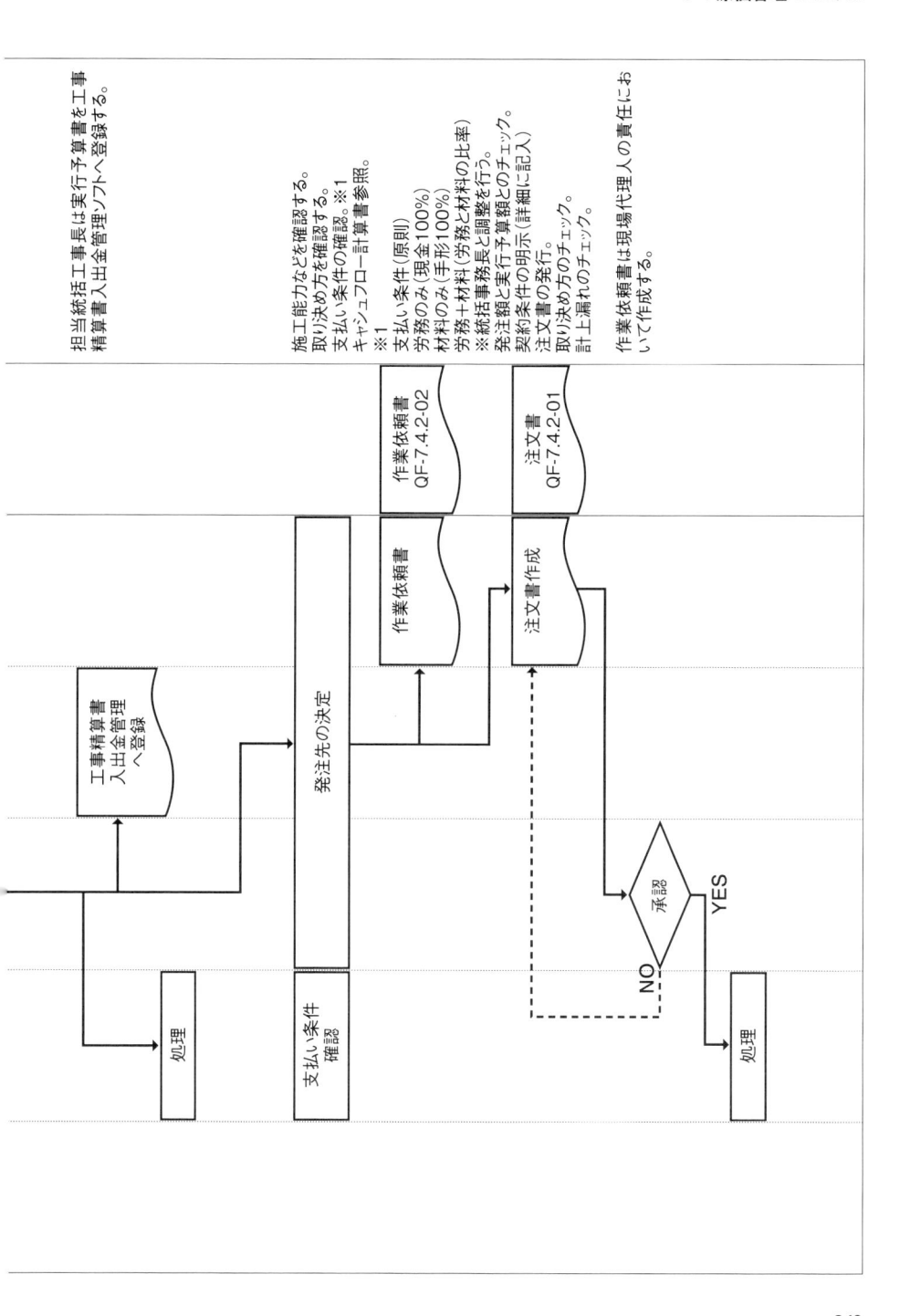

フロー図

```
[処理] → [工事精算書入出金管理へ登録] ← 担当統括工事長は実行予算書を工事
                                        精算書入出金管理ソフトへ登録する。
                ↓
         [発注先の決定]
                ↓
         [支払い条件確認] ──→ 施工能力などを確認する。
                              取り決め方を確認する。
                              支払い条件の確認。※1
                              キャッシュフロー計算書参照。
                              ※1
                              支払い案件（原則）
                              労務のみ（現金100%）
                              材料のみ（手形100%）
                ↓
         [作業依頼書] ──→ 作業依頼書
                         QF-7.4.2-02
                ↓
         [注文書作成] ──→ 注文書         労務＋材料（労務と材料の比率）
                         QF-7.4.2-01    ※締結額と実行予算額とのチェック
                                        発注額と実行予算額と調整を行う。
                                        契約条件の明示（詳細に記入）
                                        注文書の発行
                                        取り決め方のチェック。
                                        計上漏れのチェック。
                ↓
         <承認>
         NO ╱  ╲ YES
            ↓    ↓
         [処理]  作業依頼書は現場代理人の責任にお
                 いて作成する。
```

243

第7章　実データに学ぶ原価管理

図7-6 ● 予算管理フロー「購買管理」
予算管理フロー ― 「購買管理」物件工事１および担当部長が必要と認めた工事

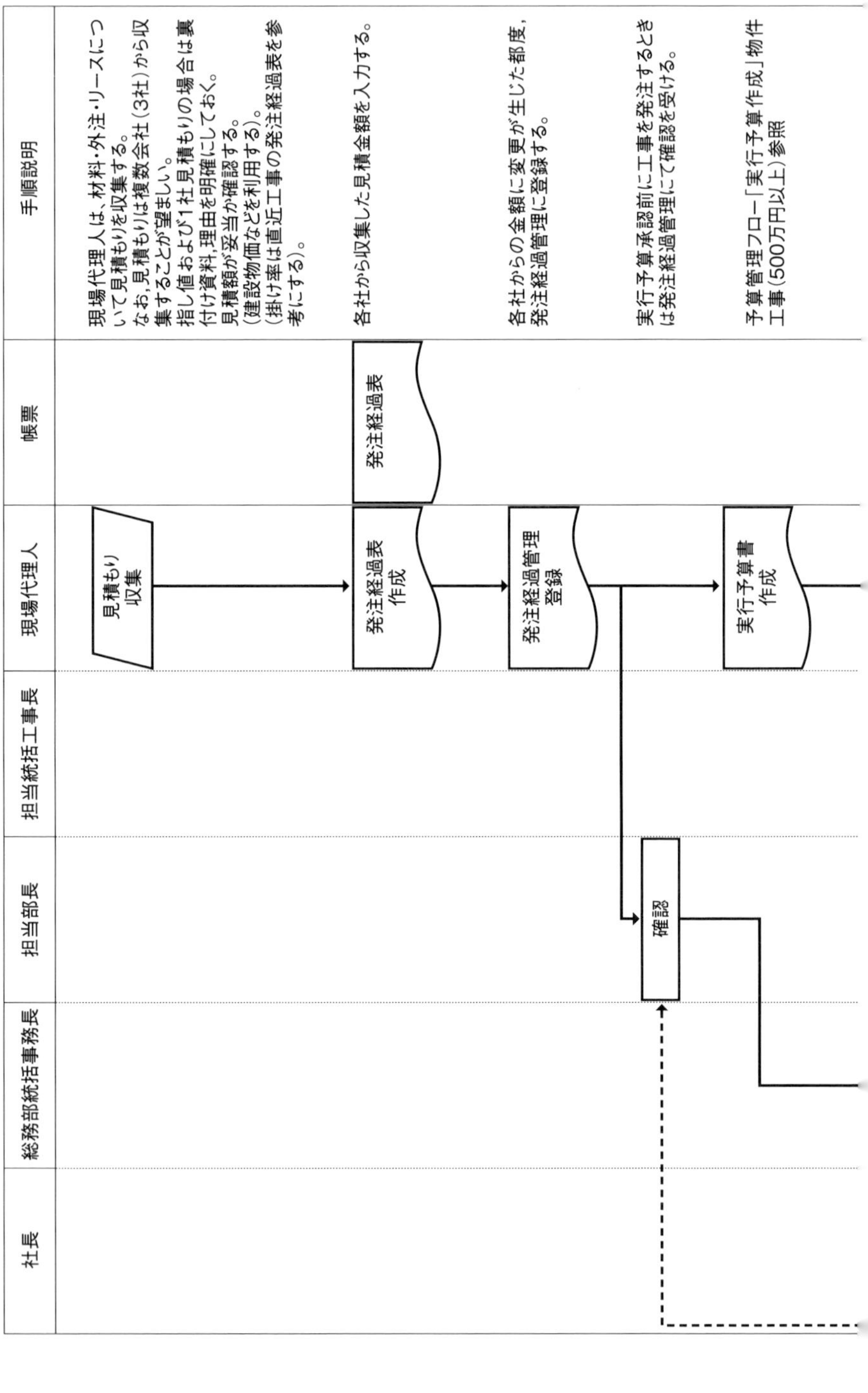

社長	総務部統括事務長	担当部長	担当統括工事長	現場代理人	帳票	手順説明
				見積もり収集		現場代理人は、材料・外注・リースについて見積もりを収集する。なお、見積もりは複数会社（3社）から収集することが望ましい。指し値および1社見積もりの場合は裏付け資料、理由を明確にしておく。見積額が妥当か確認する。（建設物価などを利用する）。（掛け率は直近工事の発注経過表を参考にする）。
				発注経過表作成	発注経過表	各社から収集した見積金額を入力する。
				発注経過管理登録		各社からの金額に変更が生じた都度、発注経過管理に登録する。
		確認		実行予算書作成		実行予算承認前に工事を発注するときは発注経過管理にて確認を受ける。
						予算管理フロー「実行予算作成」物件工事（500万円以上）に参照

244

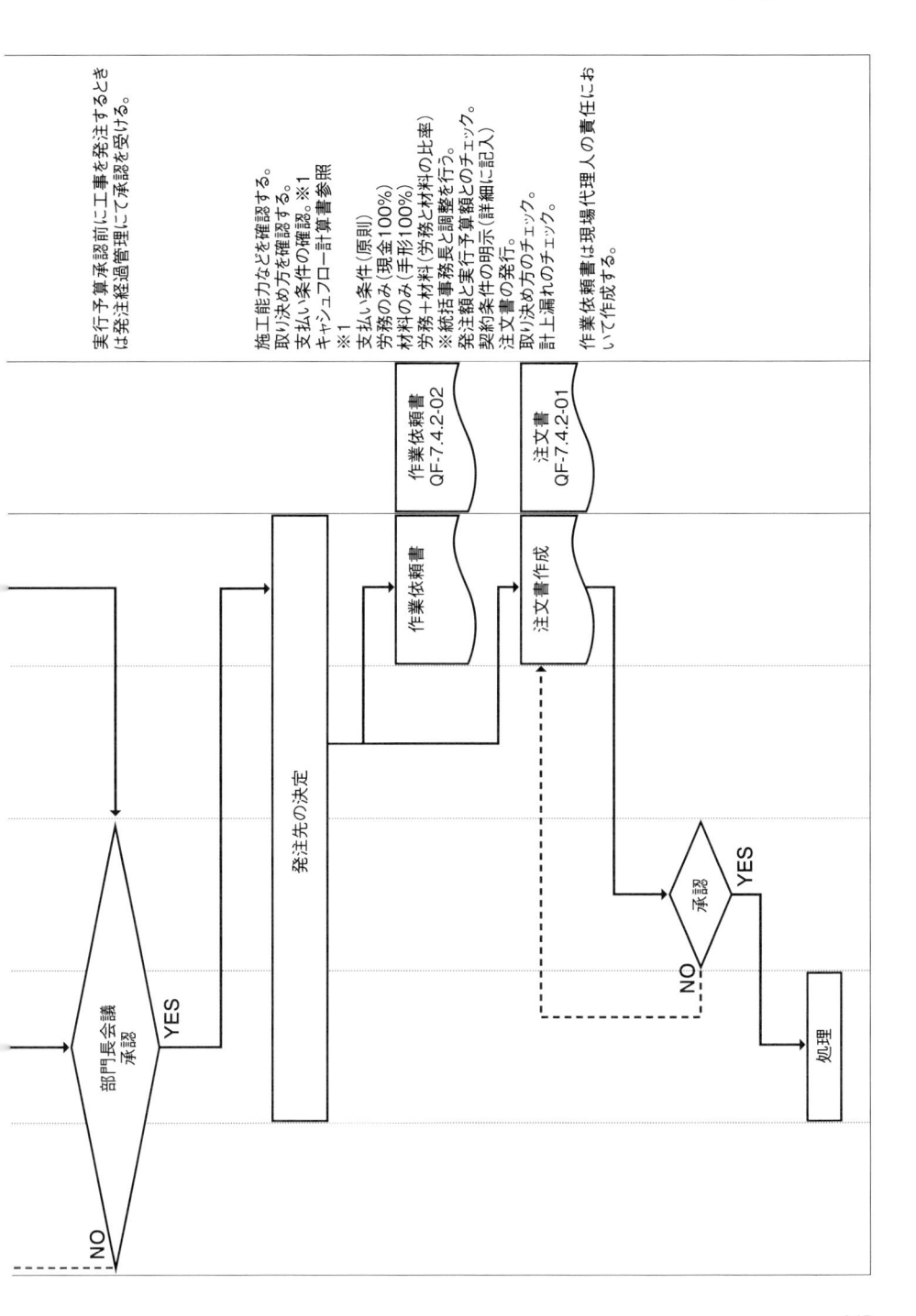

7-4 原価管理マニュアル

説明	帳票	フロー	判断
実行予算承認前に工事を発注するときは発注経過管理にて承認を受ける。		部門長会議承認 → NO/YES	
		発注先の決定	
施工能力などを確認する。取り決め方を確認する。支払い条件の確認。※1 キャッシュフロー計算書参照 ※1 支払い条件 (原則) 労務のみ (現金100%) 材料のみ (手形100%) 労務+材料 (労務と材料の比率) ※統括事務長と実行予算額との調整を行う。発注条件の明示 (詳細に記入) 契約条件の発行 注文書の発行 取り決め方のチェック。計上漏れのチェック。	作業依頼書 QF-7.4.2-02	作業依頼書	
作業依頼書は現場代理人の責任において作成する。	注文書 QF-7.4.2-01	注文書作成	承認 NO/YES → 処理

245

第7章　実データに学ぶ原価管理

図7-7●予算管理フロー「月次精算」

予算管理フロー「月次精算」

小工事(担当者雑番号付き工事)は除く

社長	総務部統括事務長	担当部長	担当統括工事長	現場代理人	帳票	手順説明
	請求書受け付け					協力会社の出来高査定および通知をする。請求書の総務部着日を通知する。
				出来高管理		総務部が取りまとめる。担当者別に請求書をまとめる。
				請求書確認		実行予算書、注文請書、工事日報、納品書を用いて、工事名、工事番号、請求額、工種コードNo、支払い条件をチェックする。記載間違いは、各現場代理人で修正する。※請求書へは工事番号、工種番号を記入し、印鑑を押す。
				現場別請求管理登録		現場別請求管理ソフトへ入力する。額、工種コードNoを入力する。また、出金伝票で処理している物も入力する。
				入出金調書作成	入出金調書	総務部からの通知日までに作成する。物件工事1,2について現場別請求管理から入出金調書を作成する。
			承認 NO / YES			総務部からの通知日までに作成する。変更があった場合、変更有の記載をする。予算と実績の差異をチェック。予定および実施出来高のチェック。出来高額および実績額と支払額とのチェック。今後の支払いおよび入金予定をチェック。

246

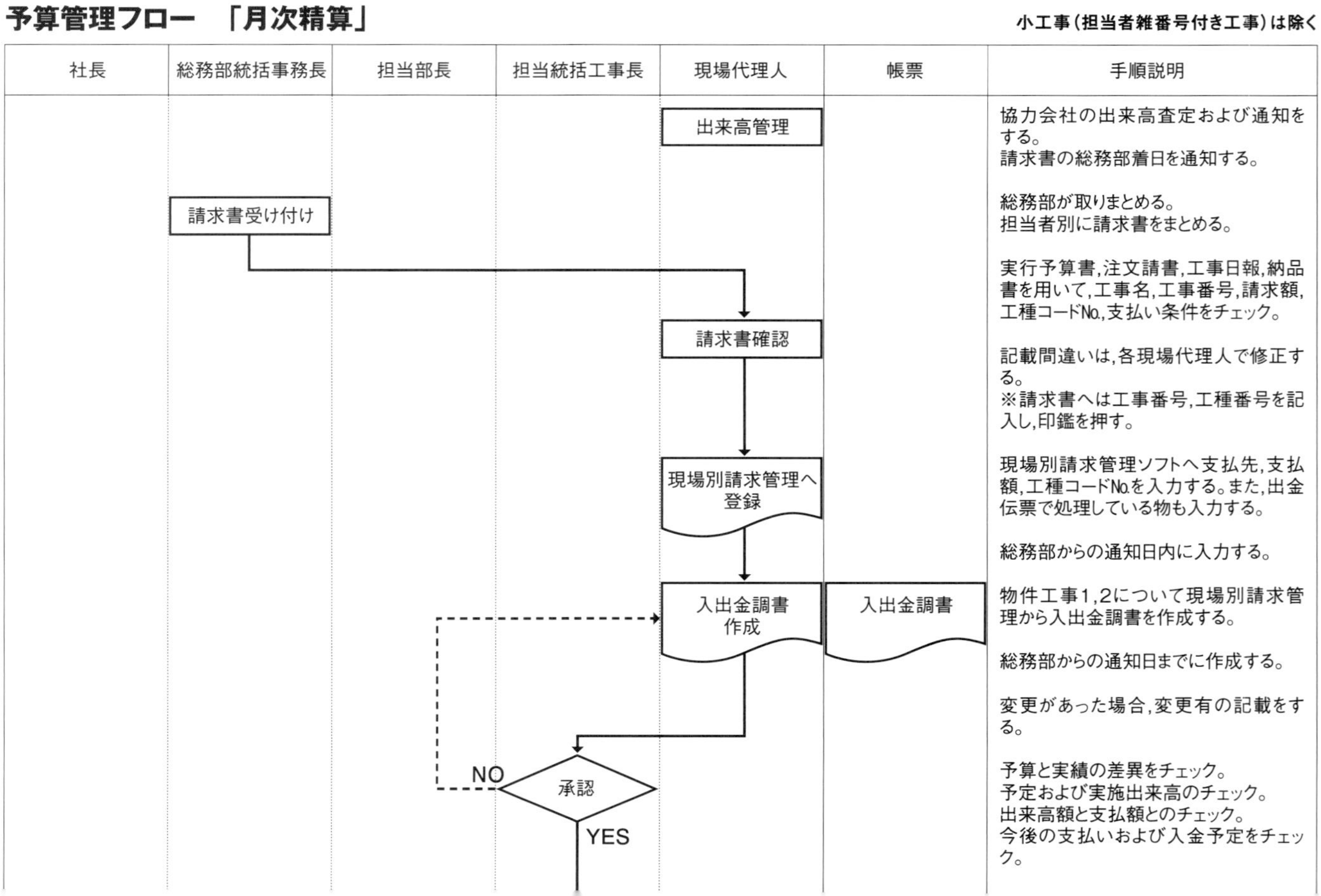

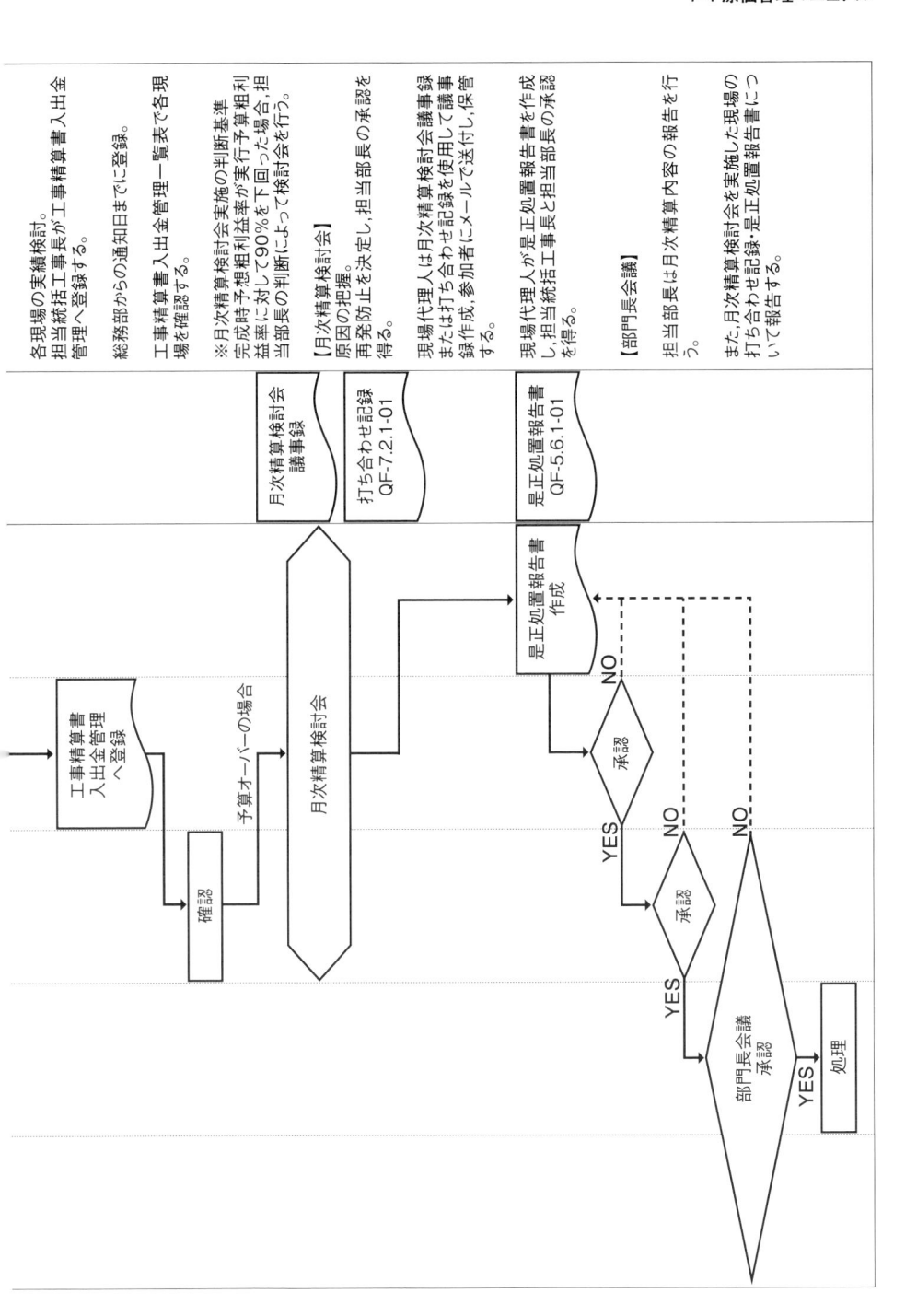

7-4 原価管理マニュアル

- 各現場の実績検討。担当統括工事部長が工事精算書入出金管理へ登録する。
- 総務部からの通知日までに登録。
- 工事精算書入出金管理一覧表で各現場を確認する。
- ※月次精算検討会実施の判断基準
完成時予想粗利益率が実行予算粗利益率に対して90%を下回った場合、担当部長の判断によって検討会を行う。

【月次精算検討会】
- 原因の把握。再発防止を決定し、担当部長の承認を得る。
- 現場代理人は月次精算検討会議事録または打ち合わせ記録を使用して議事録作成、参加者にメールで送付し、保管する。

- 現場代理人が是正処置報告書を作成し、担当統括工事部長と担当部長の承認を得る。

【部門長会議】
- 担当部長は月次精算内容の報告を行う。
- また、月次精算検討会を実施した現場の打ち合わせ記録・是正処置報告書について報告する。

月次精算検討会議事録

打ち合わせ記録
QF-7.2.1-01

是正処置報告書
QF-5.6.1-01

工事精算書入出金管理へ登録 → 確認 → 予算オーバーの場合 → 月次精算検討会 → 是正処置報告書作成 → 承認(NO/YES) → 承認(NO/YES) → 部門長会議承認(NO/YES) → 処理

第7章 実データに学ぶ原価管理

図7-8 ● 予算管理フロー「最終精算」①

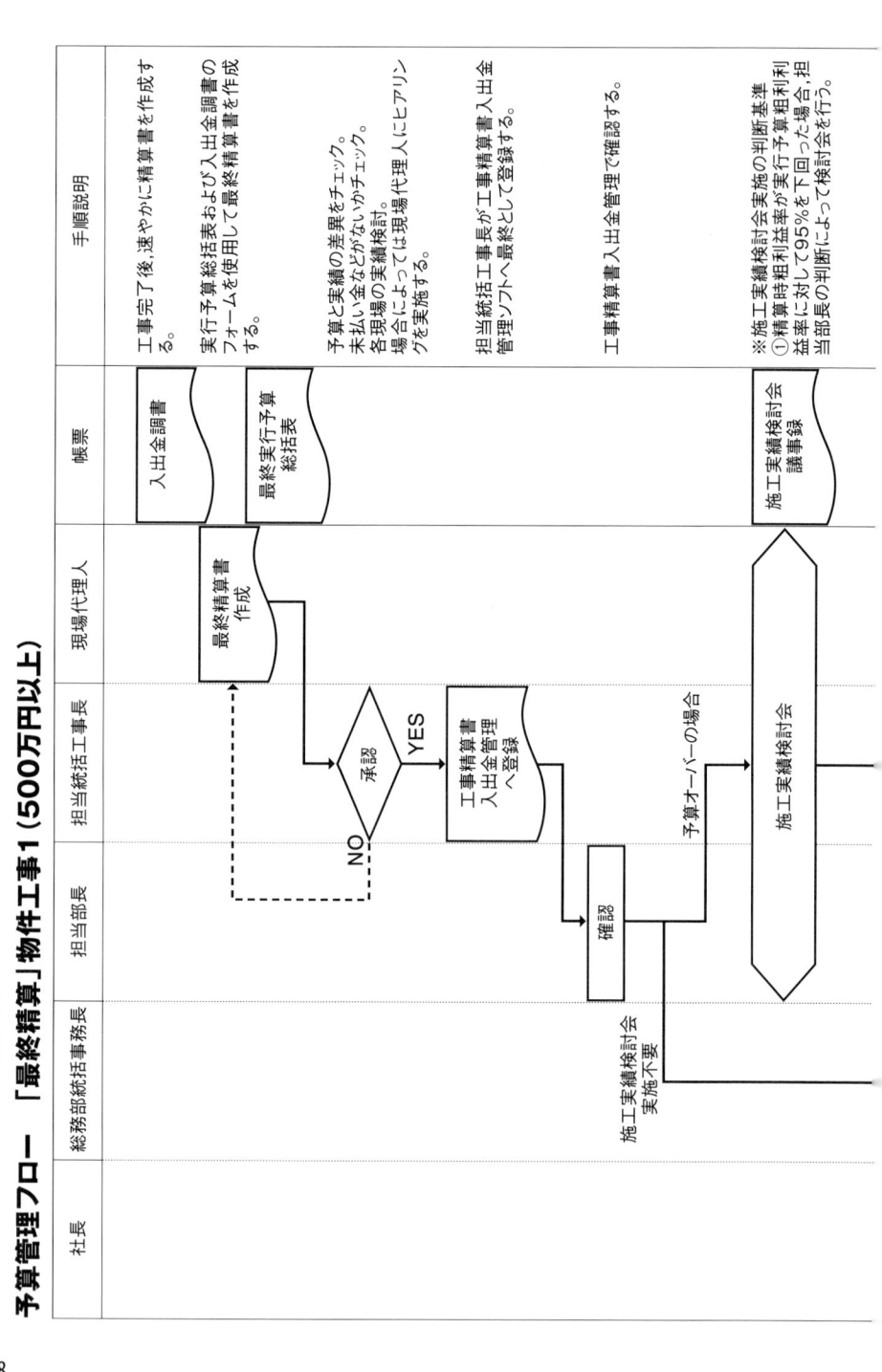

予算管理フロー ―「最終精算」物件工事1（500万円以上）

社長	総務部統括事務長	担当部長	担当統括工事長	現場代理人	帳票	手順説明
				最終精算書作成	入出金調書 最終実行予算総括表	工事完了後、速やかに精算書を作成する。
						実行予算総括表および入出金調書のフォームを使用して最終精算書を作成する。
			承認（YES/NO）			予算と実績の差異をチェック。未払い金などがないかチェック。各現場の実績検討。場合によっては現場代理人にヒアリングを実施する。
			工事精算書入出金管理へ登録			担当統括工事長が工事精算書入出金管理ソフトへ最終として登録する。
		確認				工事精算書入出金管理で確認する。
	施工実績検討会実施不要		施工実績検討会（予算オーバーの場合）		施工実績検討会議事録	※施工実績検討会実施の判断基準 ①精算時粗利益率が実行予算粗利利益率に対して95%を下回った場合、担当部長の判断によって検討会を行う。

248

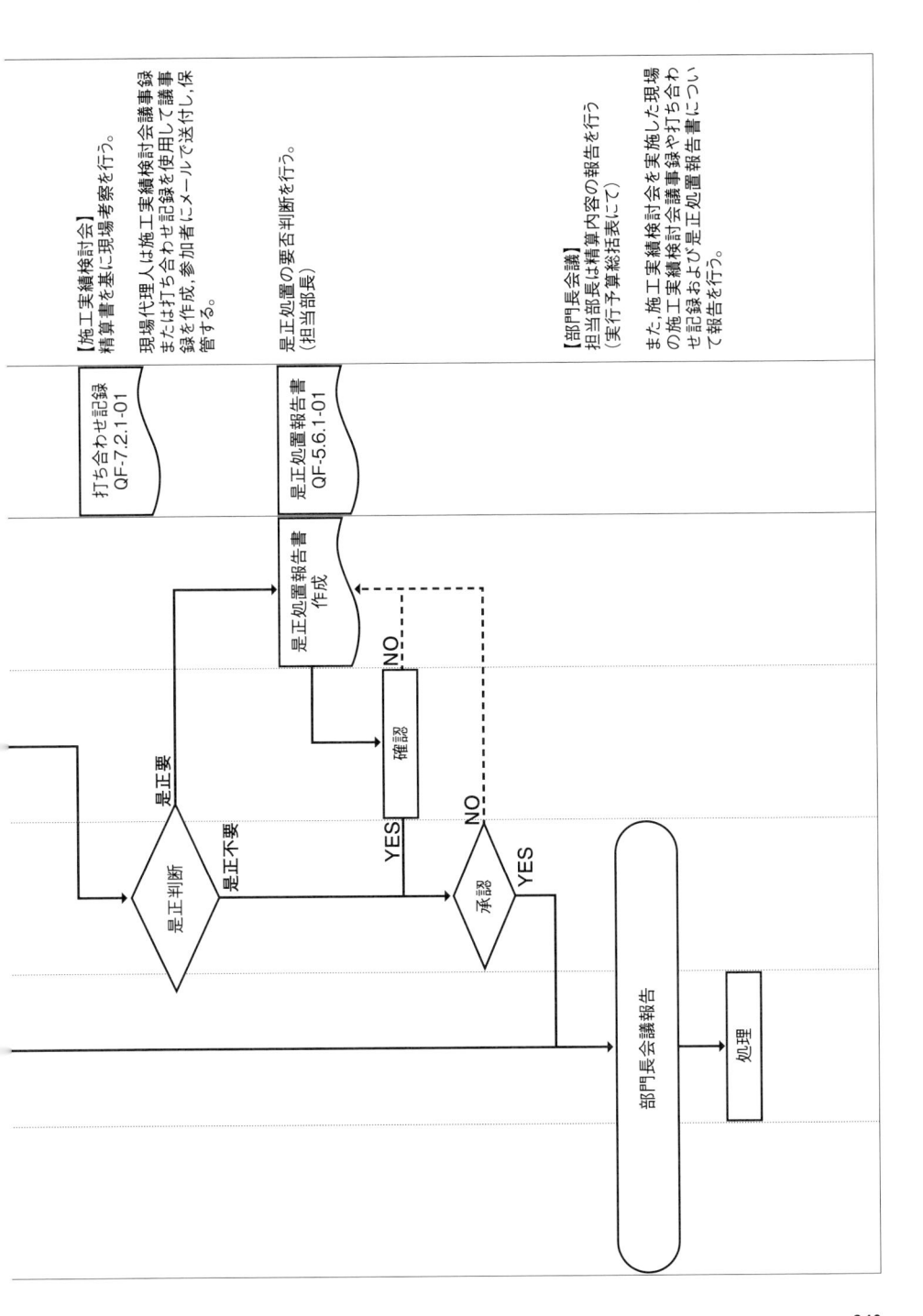

7-4 原価管理マニュアル

【施工実績検討会】
現場代理人は施工実績検討会議事録精算書を基に現場考察を行う。
また打ち合わせ記録を使用して送付し、参加者にメールで議事録を作成、保管する。

是正処置の要否判断を行う。
(担当部長)

【部門長会議】
担当部長は精算内容の報告を行う
(実行予算総括表にて)

また、施工実績検討会を実施した現場の施工実績検討会議事録や打ち合わせ記録および是正処置報告書について報告を行う。

打ち合わせ記録
QF-7.2.1-01

是正処置報告書
QF-5.6.1-01

是正処置報告書作成

確認

NO

YES

是正要

是正判断

是正不要

承認

NO

YES

部門長会議報告

処理

249

第7章 実データに学ぶ原価管理

図7-9●予算管理フロー「最終精算」②
予算管理フロー ー「最終精算」物件工事2（500万円未満）

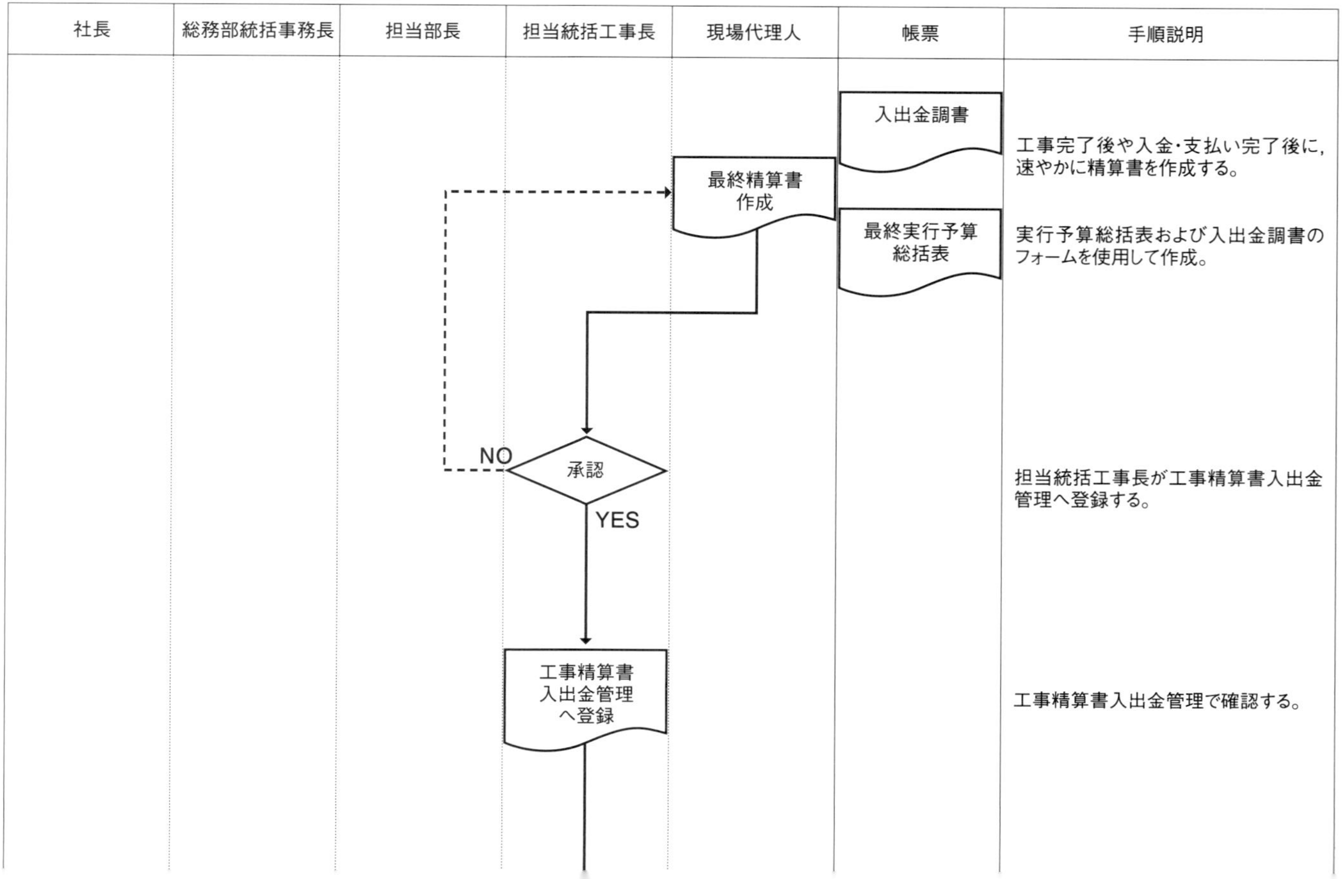

社長	総務部統括事務長	担当部長	担当統括工事長	現場代理人	帳票	手順説明
				最終精算書作成	入出金調書 / 最終実行予算総括表	工事完了後や入金・支払い完了後に、速やかに精算書を作成する。／実行予算総括表および入出金調書のフォームを使用して作成。
			承認 NO/YES			担当統括工事長が工事精算入出金管理へ登録する。
			工事精算書入出金管理へ登録			工事精算書入出金管理で確認する。

250

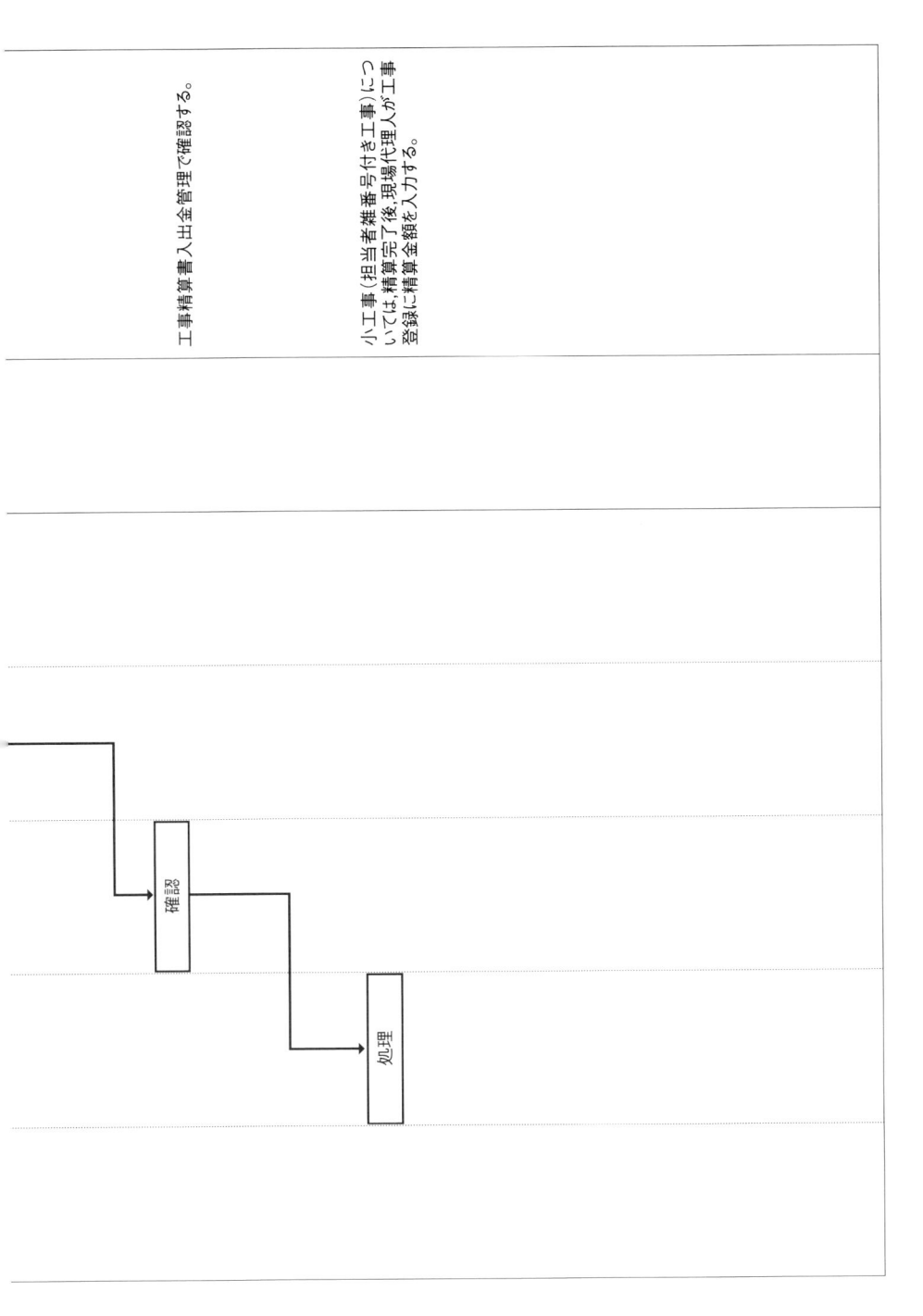

工事精算書入出金管理で確認する。

小工事(担当者雑番号付き工事)については、精算完了後、現場代理人が工事登録に精算金額を入力する。

確認

処理

第7章 実データに学ぶ原価管理

図7-10●予算管理フロー［見積書作成］
予算管理フロー ［見積書作成］ 物件工事1,2

社長	総務部統括事務長	担当部長	担当統括工事長	現場代理人	帳票	手順説明
	現場代理人が作成する場合			見積書作成	見積書	
		承認（見積額500万円以上 NO／YES）				支払い条件などの確認。最低制限価格の把握。上漏れのチェック。計積書金額500万円以上の場合、捺印。
			見積金額500万円未満 → 処理			
				見積書提出		現場代理人の責任において、顧客へ見積書を提出する。
						顧客から注文書発行

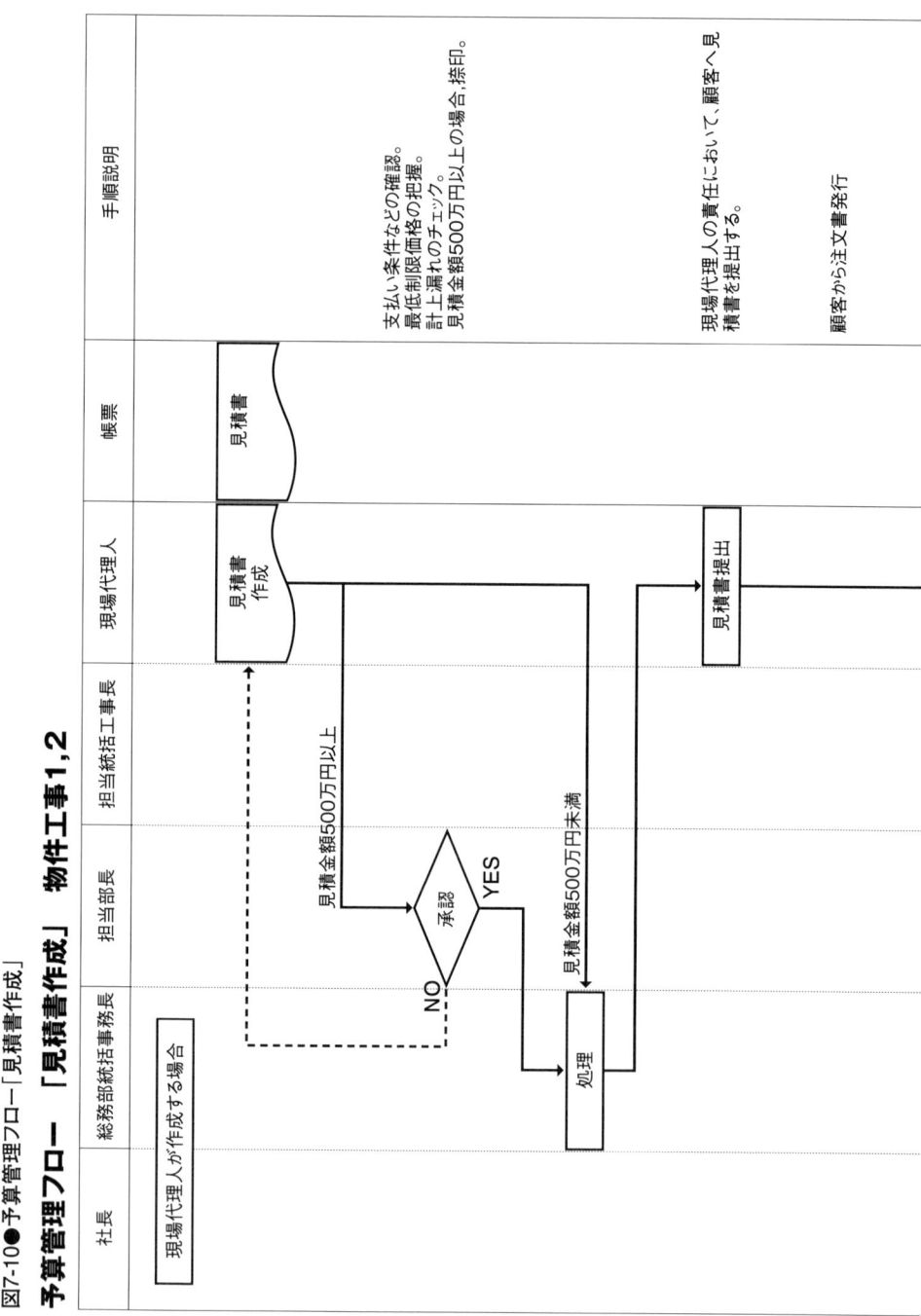

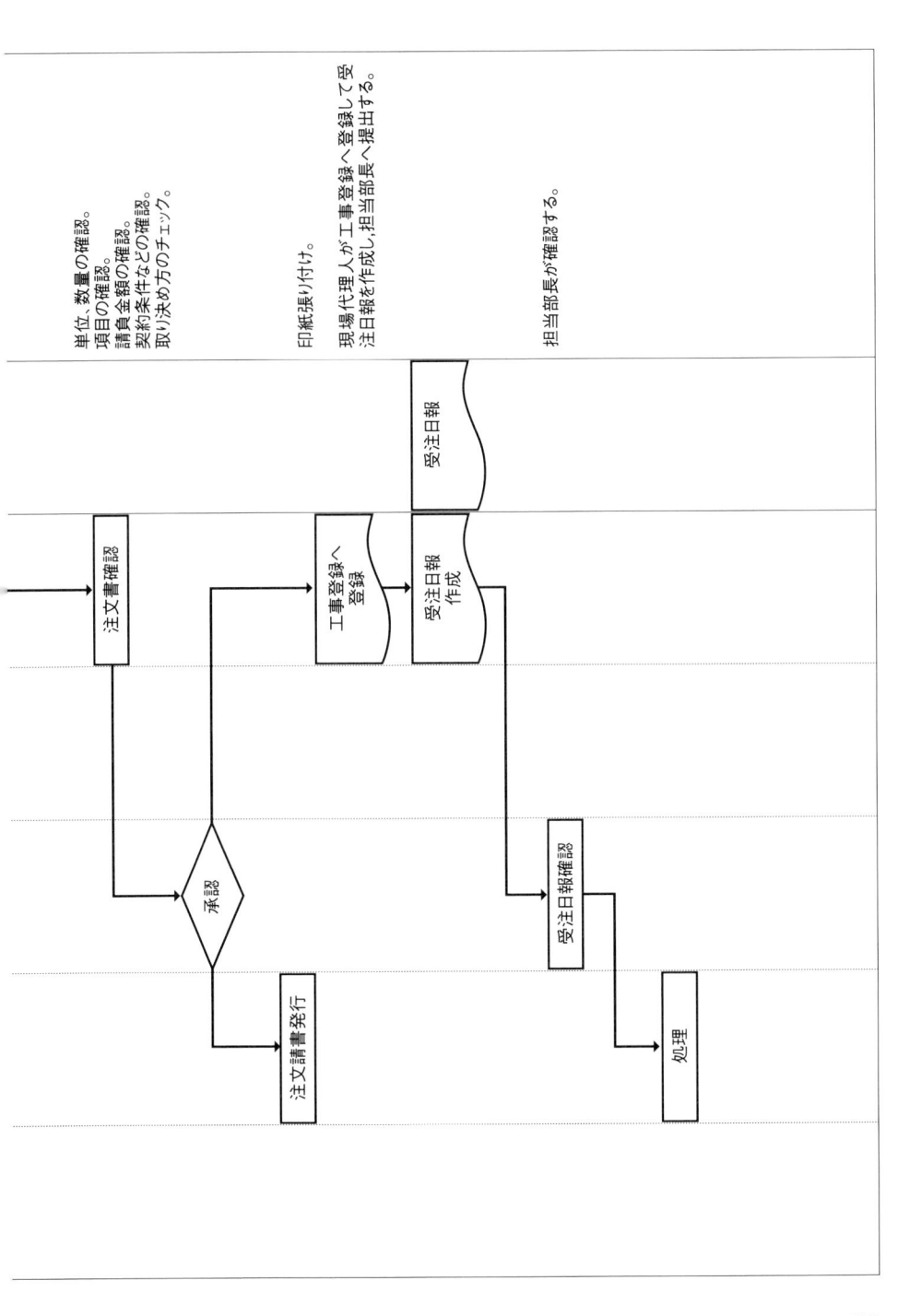

7-4 原価管理マニュアル

単位、数量の確認。
項目の確認。
請負金額の確認。
契約条件などの確認
取り決めの方のチェック。

印紙張り付け。

現場代理人が工事登録へ登録して受注日報を作成し、担当部長へ提出する。

担当部長が確認する。

```
→ [注文書確認] ─→ [工事登録へ登録] ─→ [受注日報作成] ─→ 受注日報
                                                              │
      [承認] ◇                                                 ↓
        │                                              [受注日報確認]
        ↓                                                     │
   [注文請書発行]                                              ↓
                                                           [処理]
```

図7-11●予算管理フロー「請求書作成」
予算管理フロー ―「請求書作成」

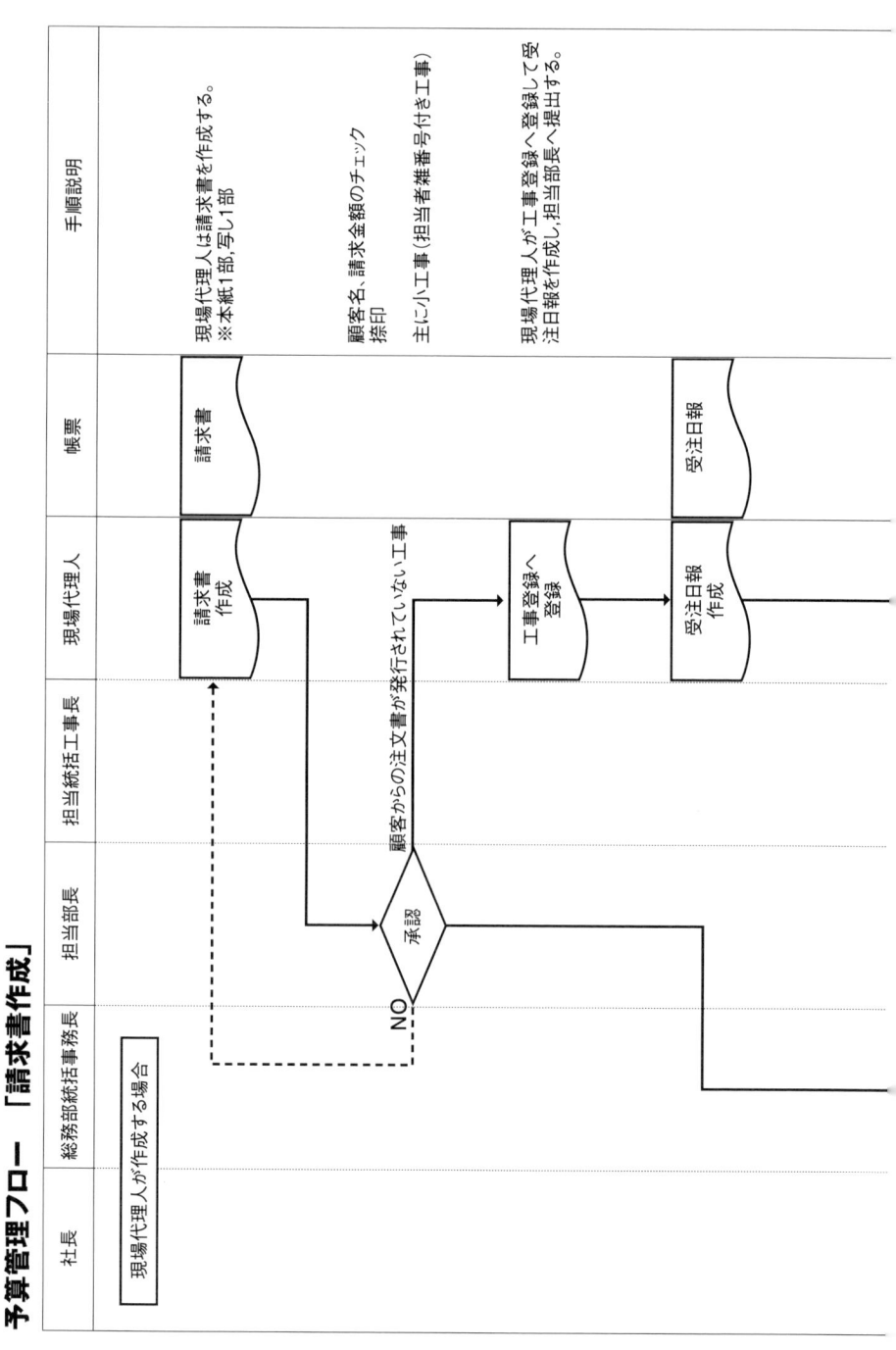

社長	総務部統括事務長	担当部長	担当統括工事長	現場代理人	帳票	手順説明
	現場代理人が作成する場合			請求書作成	請求書	現場代理人は請求書を作成する。※本紙1部,写し1部
		承認 NO				顧客名,請求金額のチェック捺印
			顧客からの注文書が発行されていない工事	工事登録へ登録		主に小工事(担当者椎番号付き工事)
				受注日報作成	受注日報	現場代理人が工事登録へ登録して受注日報を作成し,担当部長へ提出する。

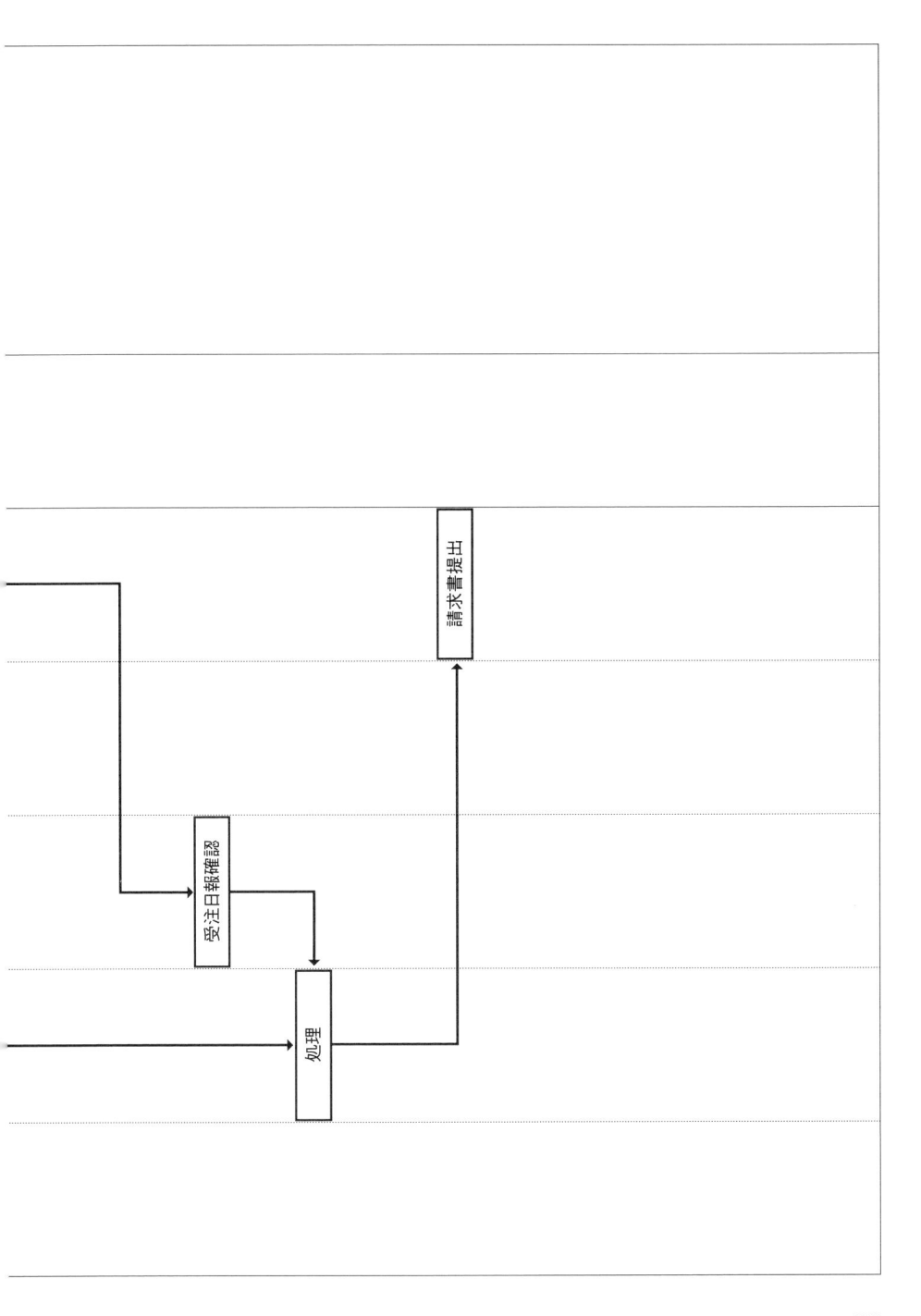

7-4 原価管理マニュアル

請求書提出

受注日報確認

処理

255

5 原価管理マニュアルの添付書式

表7-10●実行予算総括表

実行予算総括表　　工事部

当初

工事番号		受注先	
工事名			
工期			
工事場所		目標工期	

		受注時	率	変更時	率	精算時	率
請負金額	＝①＋消費税						
①工事価格	＝②＋③＋④＋⑤＋⑥＋⑧		100.0%		100.0%		100.0%
②直接工事費	実行予算内訳書から						
③間接工事費	実行予算内訳書から						
④担当者給与							
⑤工務共通費	＝①＊0.02						
⑥一般管理費	＝①＊0.10						
⑦粗利益	＝①－②－③						
⑧利益	＝①－②－③－④－⑤－⑥						

発注者支払い条件	工程上特記事項	施工上特記事項

7-5 原価管理マニュアルの添付書式

会長	社長		営業部長	統括事務長	部門長	担当統括工事長		現場担当者

工事種別		難易度	
受注体系		目標粗利益率	
特記事項			

積上率	施工体制	氏名	等級	従事期間	給与
	現場代理人			カ月	
100.0%	主任/監理技術者			カ月	
	現場担当者			カ月	
	現場担当者			カ月	
	スポット要員			カ月	
	担当統括工事長				
	給与合計				

社内会議などの決定事項

その他

表7-11●実行予算内訳書

コード　名称	発注先	予算金額
②直接工事費計		
③間接工事費		
④担当者給与		
⑤工務共通費		
⑥一般管理費		
①工事価格	②+③+④+⑤+⑥+⑧	
⑦粗利益	①-②-③	
⑧利益	①-②-③-④-⑤-⑥	

率	契約金額	備考
		間接工事費明細書から

第7章　実データに学ぶ原価管理

表7-12●直接工事費明細書

名称	規格	数量	単位	材料単価	材料金額	材料コードNo	材料協力会社	外注単価	外注金額	外注コードNo
直接工事費計		1	式							

7-5 原価管理マニュアルの添付書式

外注協力会社	労務単価	労務金額	労務コードNo	機械単価	機械金額	機械コードNo	機械協力会社	合計	備考

表7-13●間接工事費明細書

コード　名称	詳細	数量	単位	単価	金額	備考
900　間接工事費計		1.0	式			
運搬費						
資機材運搬						
資機材運搬						
資機材運搬						
準備費						
準備・後片付け						
測量材料						
外注測量						
仮設道路整備						
産廃処理						
事業損失費						
仮設備設置・撤去						
事前調査						
安全費						
交通整理員						
工事標識など						
工事標識などの設置・撤去						
工事標識などの日常管理						
安全協議会などの会費						
役務費						
借地代(現場事務所)						
借地代(工事用)						
技術管理費						
品質管理						
出来形管理						
工程管理						
写真管理						
設計照査						
日常図書作成費						
設計変更図書作成費						
完成図書作成費						
営繕費						
現場事務所ほか						
事務所用地整地・復旧						
仮設電気料金						
仮設水道料金						

コード名称	詳細	数量	単位	単価	金額	備考
仮設費						
仮設電気工事費						
仮設水道工事費						
仮設水道加入金						
イメージアップ						
工事説明板						
各所イメージアップ						
労務管理費						
安全訓練費						
租税公課費						
保険料類						
労災保険						
建退共掛金						
工事履行保証料						
事務用品費						
通信交通費						
通信交通費						
福利厚生費						
交際費						
補償費						
工事登録費						
雑費						

第7章 実データに学ぶ原価管理

表7-14●入出金調書

入出金調書

工事名	0
工事NO	0
当初工事価格	0
変更工事価格	0
最終工事価格	

入金調書				合計	
					0

出金調書					
コード名称	支払い先			当初実行予算金額	変更実行予算額
	注文書	ID	名称		
Ⅰ 直接工事費+Ⅱ 間接工事費			計	0	0
Ⅲ 担当者給与			計	0	0
Ⅳ 工務共通費・一般管理費			計	0	0
ⅠⅡⅢⅣ			計	0	0
0				0	0
					0
					0
0				0	0
					0
					0
0				0	0
					0
					0
0				0	0
					0
					0
0				0	0
					0
					0

	現場代理人			
	担当統括工事長			
	完成予定日			
	検査予定日			
	当初粗利益率		当初利益率	
	変更粗利益率		変更利益率	
	最終粗利益率		最終利益率	

前払い金額				

最終支払金額	支払金額	支払金額	支払金額	支払金額
0	0	0	0	0
0				
0				
0				
0				
0				
0				
0				
0				
0				
0				
0				
0				
0				
0				
0				
0				
0				
0				

表7-15●発注経過表

コード	名称	材料名		単位	数量	定価	
		名称	規格			単価	

7-5 原価管理マニュアルの添付書式

金額	最安単価	率	予算単価		単価	金額
			割り増し	単価		

降籏　達生
(ふるはた・たつお)

ハタコンサルタント(株) 代表取締役
NPO法人建設経営者倶楽部理事長、ISO推進フォーラム会長
1961年兵庫県生まれ。83年大阪大学工学部土木工学科を卒業後、熊谷組に入社。95年に同社を退社して独立。99年ハタコンサルタント(株)を設立し、代表取締役に。建設業の経営改革や原価管理の支援コンサルティングなどを手がける。技術士（総合技術監理・建設部門）、APEC Engineer (Civil, Structural)、労働安全コンサルタント。
ホームページ http://www.hata-web.com/

今すぐできる建設業の原価低減

2008年5月26日　初版第1刷発行
2019年2月28日　初版第7刷発行

著者	降籏 達生
編者	日経コンストラクション
発行者	畠中 克弘
編集スタッフ	西村 隆司
発行	日経BP社
発売	日経BPマーケティング
	〒105-8308 東京都港区虎ノ門4-3-12
デザイン・制作	有限会社ティー・ハウス
印刷・製本	大日本印刷株式会社

©Tatsuo Furuhata 2008 Printed in Japan

ISBN978-4-8222-6608-0

本書の無断複写・複製(コピー等)は著作権法上の例外を除き、禁じられています。購入者以外の第三者による電子データ化及び電子書籍化は、私的使用を含め一切認められておりません。
本書に関するお問い合わせ、ご連絡は下記にて承ります。
https://nkbp.jp/booksQA